Molecular Biology and Pathogenesis of Peste des Petits Ruminants Virus

Muhammad Munir
Siamak Zohari
Mikael Berg

小反刍兽疫病毒分子生物学及致病机制

[瑞典]穆罕默德•穆尼尔，赛厄马克•佐哈瑞，迈克尔•伯格 著

张志东 张 强 译

中国农业科学技术出版社

著作权合同登记号：01-2016-4276

图书在版编目（CIP）数据

小反刍兽疫病毒分子生物学及致病机制 /（瑞典）穆尼尔（Munir, M.），（瑞典）佐哈瑞（Zohari, S.），（瑞典）伯格（Berg, M.）著；张志东，张强译．— 北京：中国农业科学技术出版社，2016.6

ISBN 978-7-5116-1974-7

Ⅰ.①小… Ⅱ.①穆… ②佐… ③伯… ④张… ⑤张… Ⅲ.①反刍动物—动物病毒病—病毒学—分子生物学—研究②反刍动物—动物病毒病—致病因素—研究 Ⅳ.①S858

中国版本图书馆 CIP 数据核字（2015）第 007940 号

责任编辑 姚 欢

责任校对 贾海霞

出 版 者 中国农业科学技术出版社

北京市中关村南大街 12 号 邮编：100081

电 话 （010）82106636（编辑室）（010）82109702（发行部）

（010）82109704（读者服务部）

传 真 （010）82106636

网 址 http://www.castp.cn

经 销 者 各地新华书店

印 刷 者 北京富泰印刷有限责任公司

开 本 710mm × 1 000mm 1/16

印 张 11 彩插 0.5

字 数 210 千字

版 次 2016 年 6 月第 1 版 2016 年 6 月第 1 次印刷

定 价 58.00 元

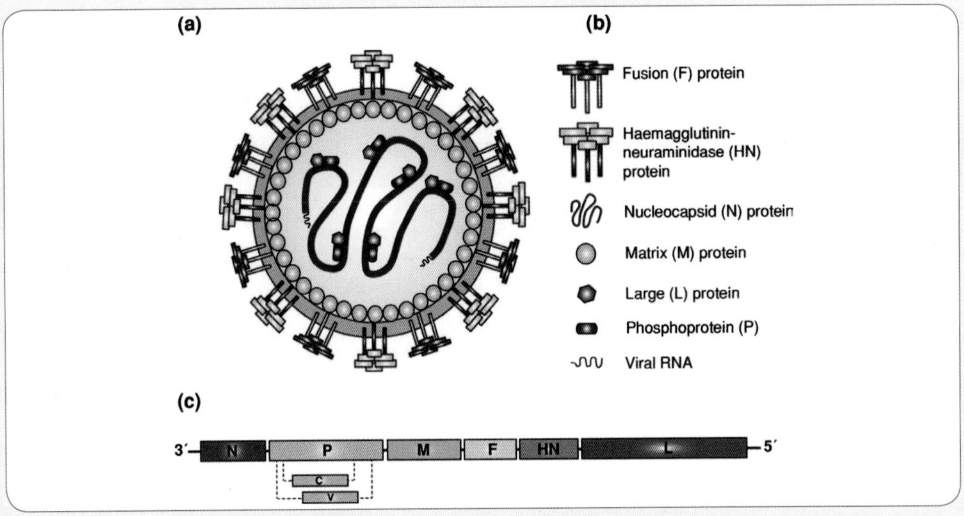

彩图 1.1　小反刍兽疫病毒粒子结构

a. 小反刍兽疫病毒基因组由被宿主衍生的囊膜包围的单股链组成。在病毒粒子中，P、N 和 L 蛋白是核衣壳的组成成分包裹着基因组，HN 和 F 是纤突糖蛋白，它们与 M 蛋白共同形成包膜。b. 主要蛋白或病毒原件的名称。c. 小反刍兽疫病毒基因组长 15984nts，编码 8 种蛋白，除了 P 基因外，每种基因编码一种蛋白。P 基因除了编码 P 蛋白外还编码非结构蛋白 C 和 V。病毒基因组结构如图所示从 3′ 端到 5′ 端。

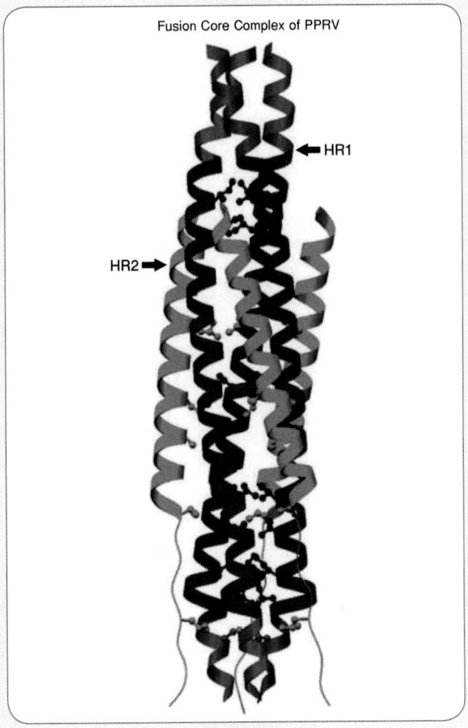

彩图 1.2　小反刍兽疫病毒 F 蛋白 HR1 和 HR2 复杂的三维结构

图中绿色条带代表 HR2，蓝色和红色条带代表 HR1。球形和条形展现 HR1-HR1 和 HR1-HR2 之间的相互作用。本图经许可摘自 Rahaman.et al（2003）。

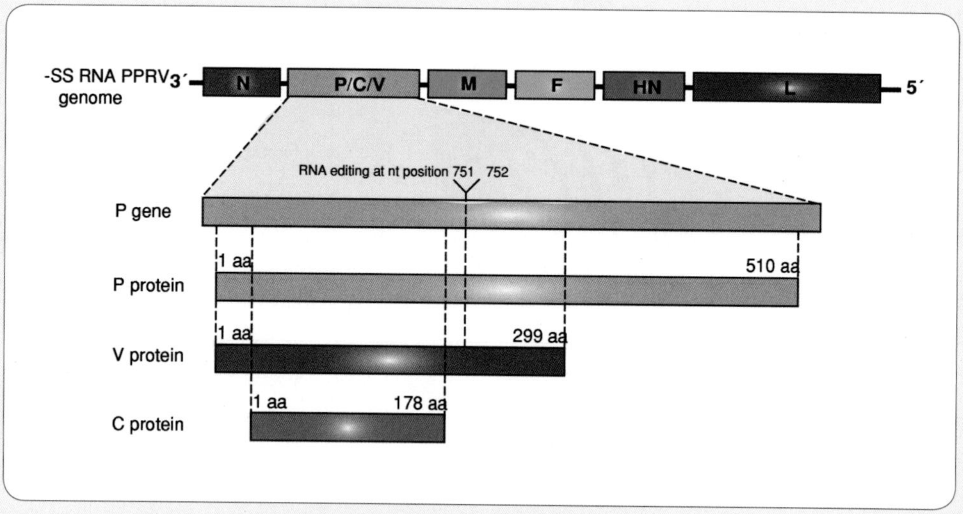

彩图 1.3　小反刍兽疫病毒 P 基因

与其他副黏病毒科一样，不仅编码 P 蛋白，而且编码两个非结构蛋白 C 和 V，这两个辅助蛋白的 mRNA 经过可变阅读框和 RNA 编辑分别进行转录。

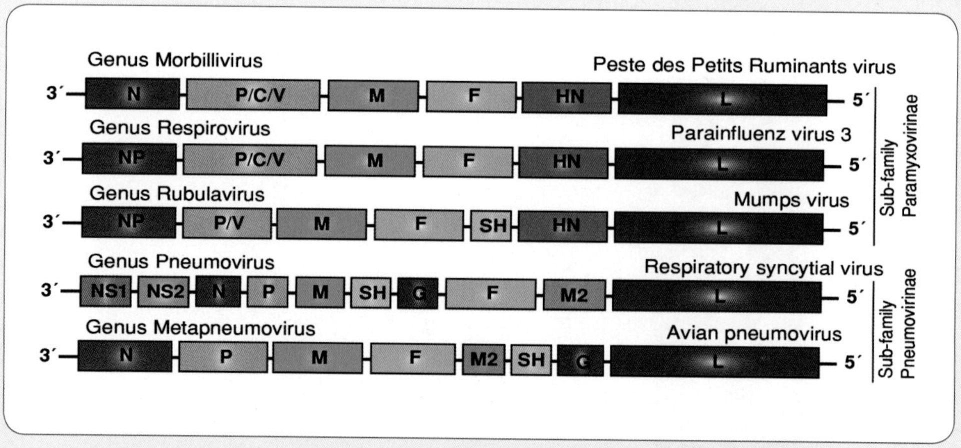

彩图 1.4　副黏病毒科中两个亚科各属代表性成员的基因组结构

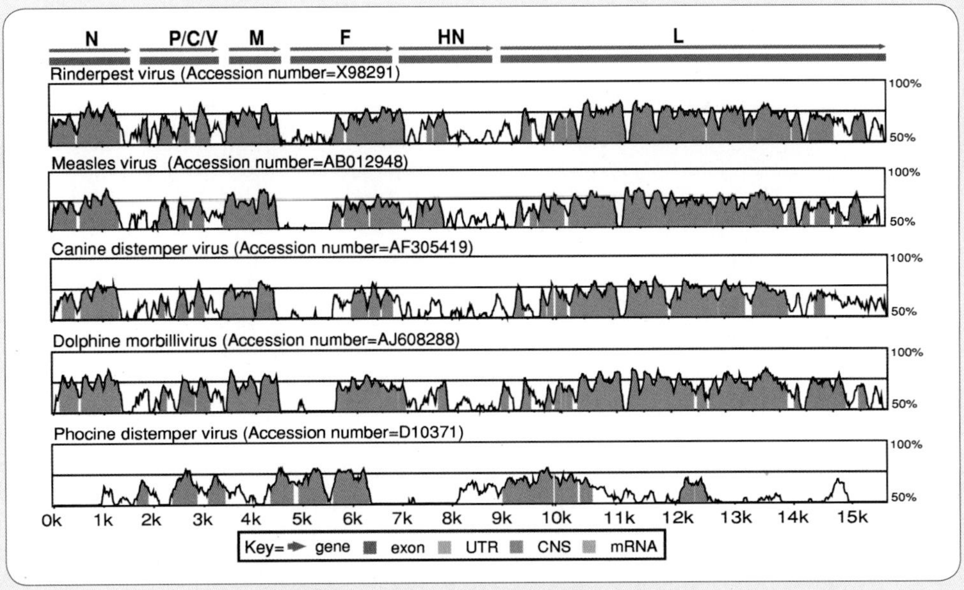

彩图 1.5　PPRV 与 RPV、MV、CDV、DMV 和 PDV 总配对基因的序列比较

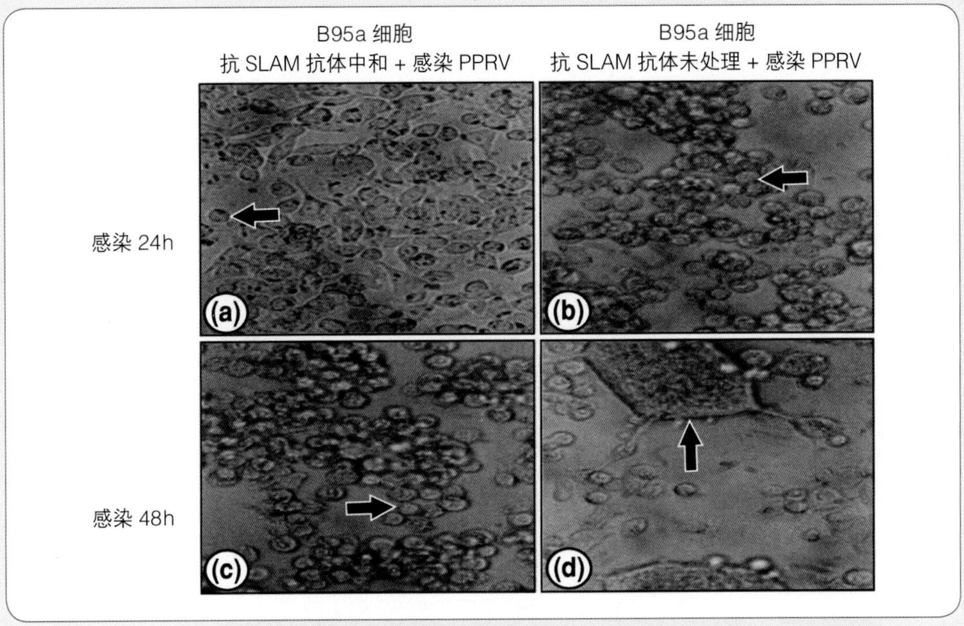

彩图 2.1　SLAM 受体抑制小反刍兽疫病毒的复制

a. 感染 PPRV 24h 后，被抗 SLAM 抗体中和的 B95a/SLAM 细胞没有表现出细胞的损伤。b. 感染 PPRV 24h 后，未被抗 SLAM 抗体中和的 B95a/SLAM 细胞变圆。c. 感染 PPRV 48h 后，被抗 SLAM 抗体中和的 B95a/SLAM 细胞变圆。d. 感染 PPRV 48h 后，未被抗 SLAM 抗体中和的 B95a/SLAM 细胞中出现巨细胞。如图（a–d）中箭头所示。此图经许可引自 Pawar 等（2008）。

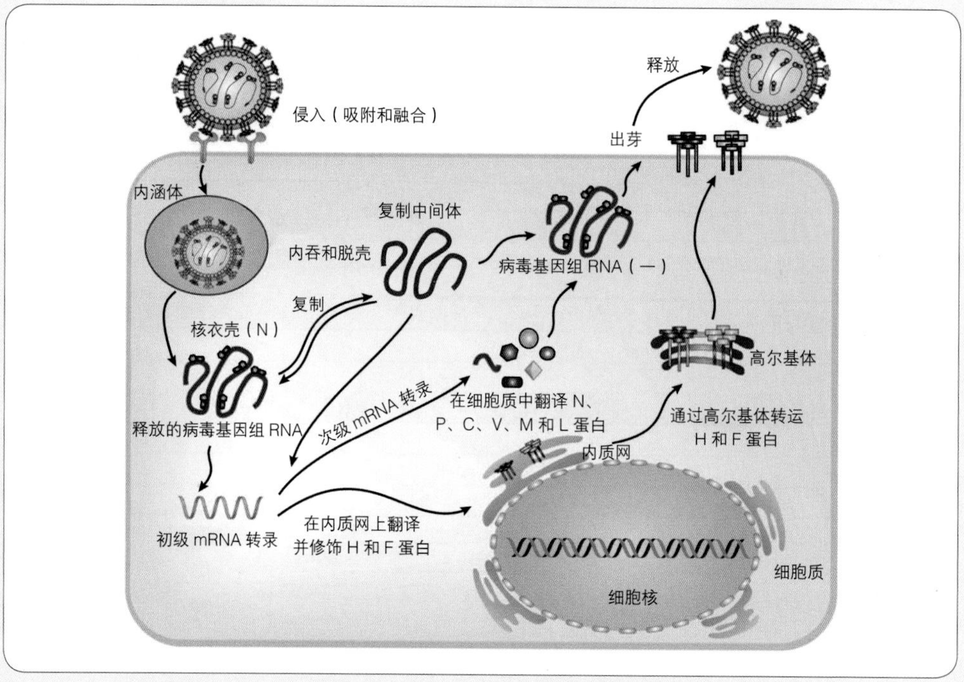

彩图 2.2　麻疹病毒属病毒复制过程

病毒 HN 蛋白和 F 蛋白与宿主细胞膜相互作用，通过 PPRV 的 HN 蛋白与宿主受体（SLAM 和未知受体）的结合进入细胞。在病毒复制过程中也涉及其他蛋白。简而言之，在 PPRV 复制过程中，P 蛋白调控转录和复制，并且装配 N 蛋白形成核衣壳；M 蛋白调控病毒的装配；HN 蛋白以其神经氨酸酶的功能促进出芽。从微基因组、复制中间体到形成病毒全基因组拷贝。PPRV 的 C 蛋白和 V 蛋白的作用还不清楚。这些蛋白具有消除细胞干扰素（IFN-α/β）应答的能力，因此与 PPRV 的毒力有关。

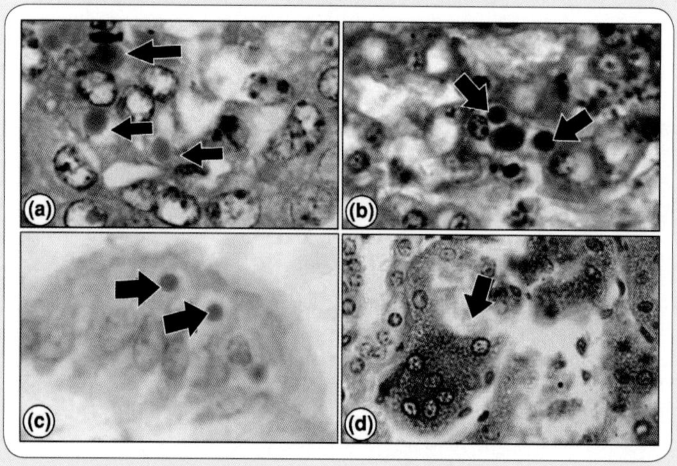

彩图 3.1　PPRV 感染的组织病理学变化

a. 支气管表皮细胞组织中胞质内内涵体的 H&E 染色（×1 000 倍）。b. 箭头指示肝细胞胞质内病毒内涵体。c. 侵蚀肠上皮组织马基亚韦洛（Macchiavello）染色（×400 倍）。d. 合胞体形成和凝结性坏死的 H&E 染色（×250 倍）。以上图片经许可引自 Al-Dubaib（2009）。

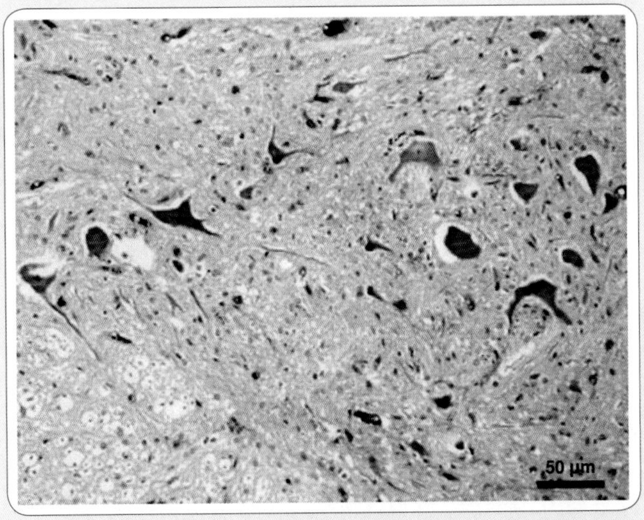

彩图 3.2　脊髓中 PPRV 抗原的免疫组化染色

染色显示抗原在运动神经元和胶质细胞中存在。该图片经许可引自 Toplu et al. (2011)。

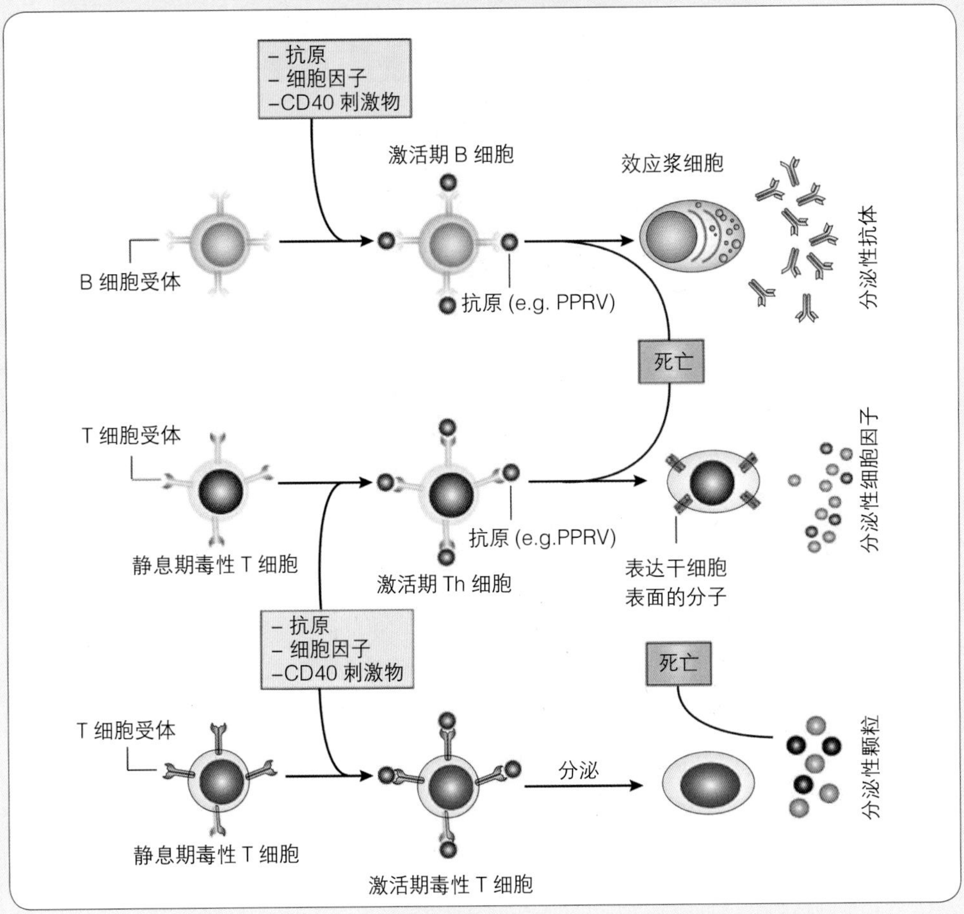

彩图 4.1　细胞免疫和体液免疫的诱导机制以及 B 细胞和 T 细胞的活化

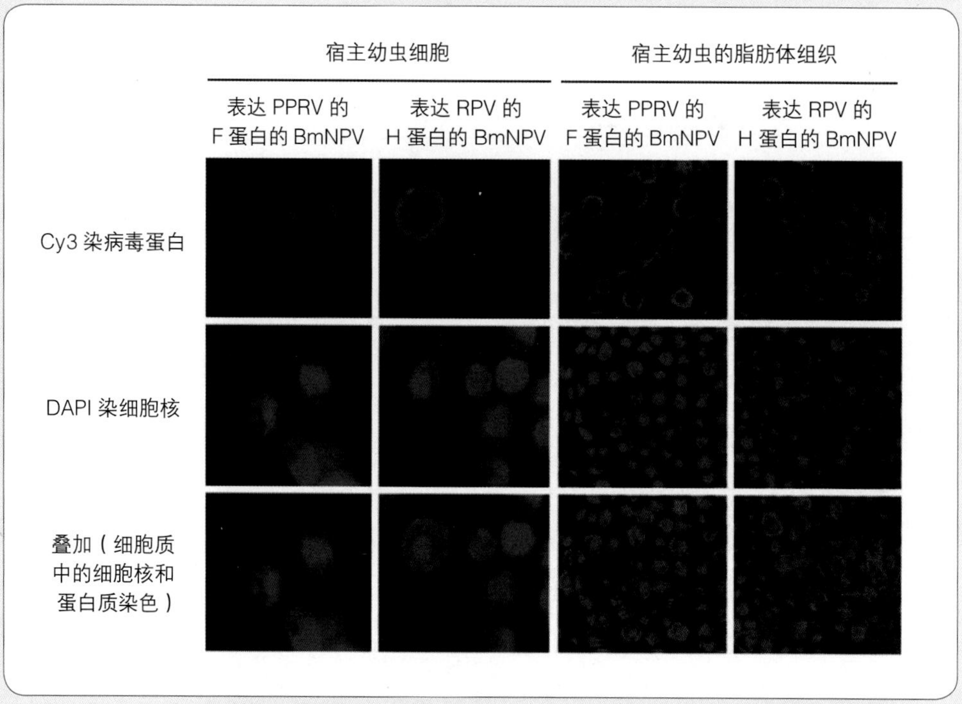

彩图 6.1 间接免疫荧光定位检测 BmNPV 在细胞和感染幼虫脂肪体组织中表达 PPRV F 蛋白或 RPV H 蛋白

通过检测抗 F 和抗 H 的抗体来定位重组蛋白，用带 Cy3 标签的二抗进行检测（橙色）。细胞核用 DAPI 染色（蓝色）。图片经 Rahman et al.（2003）授权后复制。

本书由

中国农业科学院兰州兽医研究所

家畜疫病病原生物学国家重点实验室

国家现代绒毛用羊、肉羊产业技术体系

资助出版

编委会

主　　译　张志东　　张　强

译　　者　（按姓氏笔画排序）

丛国正	朱学亮	李　健	李志勇
吴国华	吴　娜	杨　洋	尚佑军
张　强	张向乐	张志东	胡高维
赵志荀	秦晓东	蒙学莲	窦永喜
颜新敏			

序

我非常荣幸地受邀为本书作序。本书的作者 Muhammad Munir、Siamak Zohari 和 Mikael Berg 都是具有丰富经验的兽医病毒学家，在小反刍兽疫研究方面做了大量出色的工作。本人也致力于副黏病毒研究（包括小反刍兽疫病毒）超过 25 年。

小反刍兽疫是家养和野生小反刍动物的一种高度传染性病毒病，可造成重大经济损失，症状类似于牛瘟（一种可对大型反刍动物造成毁灭性危害的病毒病，现已在全球范围内消灭）。小反刍兽疫于 1942 年在西非的科特迪瓦首次被发现，目前在非洲和亚洲国家流行，并有向世界其他地区蔓延的趋势。目前，尚不清楚小反刍兽疫的出现是否与牛瘟的消灭或与高敏感诊断技术的应用有关。现在人们担心的是如果该病进一步蔓延，将成为继牛瘟后分布最广、危害最大、造成经济损失最为严重的小反刍动物病毒病之一。

小反刍兽疫病毒属于副黏病毒科，麻疹病毒属。最初认为该病毒是牛瘟病毒的变种，但最终证实两者之间虽然关系紧密，但明显是不同的病毒。尽管目前在小反刍兽疫病毒分子生物学研究方面取得了许多卓有成效的成果，但仍未能建立病毒反向遗传操作系统，而高效的反向遗传操作系统的建立将极大地丰富人们对该病毒的认知[①]。

本书对小反刍兽疫病毒的知识进行了全面的总结。据我了解，这是第一本全面介绍小反刍兽疫病毒的专著，作者花费大量精力整理了有关小反刍兽疫病毒方面的最新信息。本书共分 7 章，包括小反刍兽疫病毒基因组、小反刍兽疫

① 译者注：目前已有学者建立了小反刍兽疫病毒的反向遗传操作系统

病毒复制和毒力决定因素、小反刍兽疫病理生理学及临床诊断、小反刍兽疫病毒免疫及致病机制、小反刍兽疫的流行病学及分布、小反刍兽疫分子诊断技术及疫苗研究进展、全球根除小反刍兽疫策略与消除贫困。每个章节都清晰、全面地阐述了相关研究进展。

本书对病毒分子生物学和致病机制两方面做了完美的平衡。书中所提及的根除小反刍兽疫所面临的挑战令人印象最为深刻，作者指出，虽然目前在小反刍兽疫研究方面已经取得重大进展，但仍然需要做大量的基础研究，以便更好地了解该病毒的致病机制和宿主范围，这对在全球范围成功根除小反刍兽疫非常重要。

本书对病毒学家、微生物学家、免疫学家、兽医工作者和致力于小反刍兽疫病毒研究的科研工作者来说是极有价值的参考书，同时本书也适合本科生和研究生学习使用。

Siba K. Samal
美国马里兰大学帕克分校，病毒学教授

目 录

1

小反刍兽疫病毒基因组

摘要： 小反刍兽疫病毒粒子呈多形性，具囊膜，基因组为单链RNA，外包裹核蛋白，病毒基因组全长约为15 948bp，其长度仅次于新发现的猫麻疹病毒，猫麻疹病毒基因组由于包含了一个异常长的5′末端，其基因组全长为16 050bp。小反刍兽疫病毒基因组编码8个基因，从3′端到5′端依次为N−P/C/V−M−F−HN−L；病毒粒子直径为400~500nm，较牛瘟病毒（300nm）大。病毒基因组长度遵循麻疹病毒属“六碱基原则”的典型特征，但在一定程度上允许+1，+2和−1之间的偏差，这是小反刍兽疫病毒独有的特征。本章对小反刍兽疫病毒基因组结构及生物学特性进行探讨，并对病毒结构蛋白和非结构蛋白进行详细的介绍。

关键词： 基因组排列；基因组结构；病毒蛋白；病毒形态；基因组比较

1.1 引言

小反刍兽疫病毒（Peste des petits ruminants virus，PPRV）为副黏病毒科麻疹病毒属的成员，同属的其他成员还有牛瘟病毒（Rinderpest virus，RPV）、麻疹病毒（Measles virus，MV）、犬瘟热病毒（Canine distemper virus，CDV）、海豹瘟热病毒（Phocine distemper virus，PDV）和海豚麻疹病毒（Dolphin morbillivirus，DMV）等，各病毒间基因序列同源性均较高。在麻疹病毒属中，由于麻疹病毒可以感染人类，因此，人们对其进行了广泛、深入的研究。除此而外，研究较多的是犬瘟热和牛瘟。近来对小反刍兽疫病毒的分子生物学研究不断增多，为了解其分子特性做出了很大的贡献，但研究仍处于初期阶段，我们对小反刍兽疫病毒的认识相对同属其他成员要少。本章将对小反刍兽疫病毒基因组结构和特征进行全面的阐述。

1.2 病毒形态与基因组结构

1.2.1 病毒粒子和基因组特征

小反刍兽疫病毒粒子呈多形性，有囊膜，其基因组是单链 RNA，外边包裹着核蛋白（彩图 1.1a，b），病毒基因组全长约为 15 948bp，曾被认为是麻疹病毒属中最长的（Bailey et al. 2005）。后来在家猫上发现一种新的麻疹病毒（猫麻疹病毒），基因组含有一个长为 400bp 的 5′ 末端，使其基因组长度在麻疹病毒属中最长，序列全长达 16 050bp（Woo et al. 2012）。但该发现再未见类似报道，有待进一步确证。M 基因和 F 基因的间隔区长短差异（对蛋白大小无影响）是导致麻疹病毒属中各成员基因组大小不同的原因，目前尚未发现间隔区长短差异和高 G+C 含量对麻疹病毒属成员复制有任何明显的影响。小反刍兽疫病毒粒子平均直径 400~500nm，比牛瘟病毒（300nm）大（Gibbs et al. 1979）。电镜负染技术观察发现小反刍兽疫病毒囊膜厚 8~15nm，上有长度为 8.5~14.5nm 的纤突，核蛋白呈“鲱鱼骨”式排列，形成厚度为 14~23nm 的核蛋白链（Durojaiye et al. 1985）。

作为麻疹病毒属的成员，小反刍兽疫病毒基因组也遵循“六碱基原则”的典型特征，这意味着病毒基因组长度是聚六聚体，这是保证病毒基因组有效复制所必需的（Kolakofsky et al. 1998）。然而，最近的研究发现小反刍兽疫病毒基因组序列并非严格遵循“六碱基原则”，具有一定程度的灵活性（Bailey et al. 2007）。小反刍兽疫病毒的转录和复制可适应核苷酸数在 +1，+2 和 -1 之间的偏差，但其原理目前尚不清楚。

小反刍兽疫病毒基因组包含 6 个可以编码 6 种连续、不重叠蛋白的转录单元。小反刍兽疫病毒基因组从 3′ 到 5′ 端顺序依次是 N-P/C/V-M-F-HN-L 基因，各基因间有长短不一的间隔区（Diallo 1990）（彩图 1.1c）。N 蛋白包裹 RNA 形成核衣壳，L 蛋白和 P 蛋白偶联并附着在核衣壳上（彩图 1.1a，b）。P 蛋白是 L 蛋白的辅助因子，形成病毒 RNA 依赖的 RNA 聚合酶（RNA dependent RNA polymerase，RdRp）。有 3 种病毒蛋白与宿主细胞膜关联衍生形成病毒囊膜，其中，M 蛋白作为媒介，连接核衣壳及囊膜表面的 F 蛋白和 HN 蛋白。与其他麻疹病毒一样，小反刍兽疫病毒也编码两种非结构蛋白，即 V 蛋白和 C 蛋白，V 蛋白是由 P 基因转录单元的 RNA 编辑作用形成的（Barrett et al. 2006），而 C 蛋白由一个可变的起始位点，即第二个起始密码子开始翻译而成。

3′ 末端和 5′ 末端的非编码区（untranslated regions，UTRs）对副黏病毒的转录和复制非常关键，可分别作为基因组启动子（genome promoter，GP）和反基因组启动子（anti-genome promoter，AGP）（Lamb and kolakofsky 2001）。小反刍兽疫病毒的 3′ 末端为 RdRp 聚合酶复合物附着位点，长约 107nt, 包括一个长为 52nt 的先导序列和 N 基因的 3′ 末端，两者间被 GAA 三核苷酸分隔，位于 N 基因开放阅读框（ORF）起始密码子之前的 GP 延伸区作为启动子合成病毒 RNA 并产生正链反义基因组 RNA。在 N 基因 ORF 终止子下游的第 52 个碱基处有一个作为起始和多腺苷酸化的信号序列，它在麻疹病毒属中高度保守。

反基因组启动子（AGP）负责基因组 RNA 序列的合成，是 L 蛋白终止密码子之后的 5′ 末端非编码区全部序列，即包含反基因组 3′ 末端的拖尾区。二分图模型显示在基因组启动子（GP）和反基因组启动子（AGP）区有两个不同的特定结构域，它们是副黏病毒科仙台病毒（Sendai virus，SeV）有效发挥功能所需要的（Hoffman and Banerjee，2000；Barrett et al.2006）。副黏病毒科病毒基因组 3′ 和 5′ 末端的保守性反映启动子活性主要依靠这些区段。PPRV 基因组启动子（GP）和反基因组启动子（AGP）3′ 末端第 23~31nt 具有保守性，该保守序列是启动活性不可或缺的结构，其保守性可能与一段包含有一连串三联六聚体序列（CNNNNN）有关。尽管这两个区域相互作用的原理还不明确，但利用已有模型预测第 2 个启动子上的三联六聚体基序均位于同一螺旋层面，正好位于 3′ 端的第一个三联六聚体的上面（Lamb and Kolakofsky 2001）。因此，极有可能 GP 和 AGP 中的这两个区域直接相互作用而组成一个功能性启动单元。其他副黏病毒的启动子中也具有这种类似的装配（Murphy and Parks，1999）。在 GP 和 N 基因起始子的结合点处，有一个保守的基因间三联体序列，是转录必需的序列（Mioulet et al. 2001）。Baily 等（2007）试图用小反刍兽疫病毒和牛瘟病毒的嵌合微基因组确定 GP 和 AGP 的作用，结果表明小反刍兽疫病毒 AGP 降低了牛瘟病毒嵌合微基因组拯救的可能性，这预示即使是两种关系密切的病毒间 AGP 也不同。AGP 是一个功能非常强大的启动子且具有专一性，负责全长负链基因组的合成。而GP有两个功能：转录病毒mRNA和转录全长正链病毒基因组。

1.2.2 小反刍兽疫病毒结构蛋白

1.2.2.1 核衣壳（N）蛋白

核衣壳（N）蛋白是一种主要的结构蛋白，尤其是对于不分节段的负链RNA病毒。小反刍兽疫病毒N蛋白不诱导产生针对病毒的免疫保护反应，但却是病毒中含量最丰富、免疫原性最强的病毒蛋白，这是N蛋白广泛应用于诊断技术开发的原因。Dechamma等于2006年鉴定出小反刍兽疫病毒N蛋白最具免疫原性的区段（第452—472位氨基酸）（Dechamma et al. 2006）。除去免疫原性，根据N基因可将PPRV分为4个谱系，这比根据PPRV外部糖蛋白F和HN的差异进行病毒分群能更好地反映地域起源特点（Diallo et al. 2007）。小反刍兽疫病毒N蛋白的ORF起始于第108nt（UAC），终止于1685nt（AUU），翻译产生的N蛋白为58ku。

根据小反刍兽疫病毒与其他麻疹病毒序列的相似性，可将N蛋白划分为4个区，Ⅰ区（1—120位氨基酸）保守性较高，不同麻疹病毒属之间的同源性为75%~83%，而Ⅱ区（122—145位氨基酸）同源性仅为40%，Ⅲ区（146—398位氨基酸）和Ⅳ区（421—525氨基酸）分别为保守性最高的和最低的区段（Diallo et al. 1994；Bailey et al. 2005）。Choi等（2005）研究表明小反刍兽疫病毒N蛋白Ⅰ区和Ⅱ区的免疫原性高于Ⅲ区和Ⅳ区 (Choi et al. 2005)，这与其他麻疹病毒属成员包括麻疹病毒（MV）（Bukland et al. 1989）和牛瘟病毒（RPV）（Choi et al. 2003）一致。此外，针对区域Ⅰ体液免疫反应比区域Ⅱ出现的早。已知N蛋白是麻疹病毒中主要的交叉抗原，基于单克隆抗体证实有密切关系病毒的N蛋白有所不同（Bodjo et al. 2007）。据推测，在同源病毒的起源中，RPV是一种原型病毒，CDV是所有病毒中第一个衍化出的病毒，而PPRV是最后一个（Norrby et al. 1985）。

N蛋白对副黏病毒生活周期的影响表现在多个环节：与M蛋白相互作用促进病毒的组装，是病毒基因组RNA形成核衣壳的必需成分，在复制和转录过程中参与P-L聚合酶复合物形成。Servan de Almida等（2007）进行了一项体外试验，通过使 N 基因沉默的方法研究 N 蛋白在小反刍兽疫病毒粒子复制中的作用（Servan de Almeida et al. 2007），由于所有病毒 mRNA 都是从 N 基因前的启动子区开始合成，因此对 N 基因的沉默将会降低病毒复制。他们进一步研究发现抑制 N 蛋白会对 M 蛋白的产量产生负面影响。此后 Keita 等 (2008) 的研究进一步缩小了 N 基因的活性位点，是一段序列为 5′ RRWYYDRNUGGUUYGRG3′ 的基序（R 代表 A/ G，W 代表 A/U，Y 代表 C/U，D 代表 G/A/U，N 为任意碱基），针对该区域的沉默将导致 PPRV、RPV 和 MV N 基因转录抑制（Keita et al. 2008）。特别需要指出的是小反刍兽疫病毒 N 蛋白 143—149 位（RINWFEN）和中心部分（NWF）的翻译基序在不同毒株中都是保守的。该研究进一步证实抑制 N 基因的转录将随后抑制 M 基因的转录，由此将导致病毒复制被抑制，与非沉默组相比下降 10 000 倍。

麻疹病毒的 N 蛋白可分为两个区，分别被命名为 N_{CORE} 和 N_{TAIL}。N_{CORE} 长 420 个氨基酸，该区段序列非常保守，这不仅在麻疹病毒属间，在不同小反刍兽疫病毒株间也是如此，这可能预示其在核衣壳装配中有重要作用。对小反刍兽疫病毒，N_{CORE} 第 324 残基处的 F-X4-Y-X4-SYAMG（X 是任意氨基酸）片段与 N-N 的自我装配和 N-RNA 的相互作用有关。N_{TAIL} 为 12ku 的 C 端域（C-terminal domain,CTD），在麻疹病毒属和小反刍兽疫病毒毒株间保守性相对较低。CTD 第 488—499 残基段负责 N 蛋白和其他病毒蛋白如 P 蛋白、P-L 聚合酶复合物之间的相互作用（Kailin et al. 2002；Kingston et al. 2004），由此说明 CTD 暴露在蛋白表面，很容易被胰蛋白酶消化裂解。MV 即使去除 N_{TAIL}，N_{CORE} 依然具有形成核衣壳样结构的能力（Giraudon et al. 1998）。Karlin 等发现 MV 病毒 228S 和 229L 突变将会使 N 蛋白丧失自身偶联功能而无法包裹 RNA，这提示 MV N 蛋白正确自身聚合可能与 RNA 结合有关（Kailin et al. 2002）。序列分析发现小反刍兽疫病毒核蛋白也具有高度相似的区段，并且在这两个位点具有相同的氨基酸，这反映出 PPRV 也具有类似的功能。麻疹病毒属病毒 N 蛋白与机体调节蛋白如热休克蛋白 Hsp72、干扰素调节因子 IRF3 及细胞表面受体等之间相互作用，说明病毒 N 蛋白在病毒复制和细胞嗜性方面发挥作用（Zhang et al. 2002；Laine et al. 2003）。由于 PPRV 和其他麻疹病毒属病毒 N 蛋白序列具有一定的相似性，因此该属所有成员的 N 蛋白可能具有相似的功能。

N 蛋白和 P 蛋白结合于病毒基因组的前导区和拖尾区后启动病毒基因组装配，随后是 N-N 和 N-RNA 相互作用。N-N 自身偶联在 MV 上研究的比较透彻，PPRV 是麻疹病毒属中第 2 个对 N-N 相互作用开展研究的病毒（Bodjo et al.2008）。目前已证实 PPRV N 蛋白有两个区段负责 PPRV N-N 的自身装配：一个位于 N 末端（1—120nts），另一个位于中间（146—241nts）。进一步研究发现 N 蛋白第 121—145 氨基酸区段是维持核蛋白结构稳定所必需的区段。这一区段在麻疹病毒属中高度保守（Diallo et al.1994）。

虽然麻疹病毒属病毒在细胞质中复制，但可以在转染哺乳动物细胞的细胞质和细胞核中发现 N 蛋白聚集形成的核衣壳样聚合物（Huber et al.1991）。已在 MV、RPV 和 CDV 的 N 蛋白上发现核定位信号（Nuclear localization signal，NLS）和核输出信号（Nuclear export singal，NES）（Sato et al. 2006），目前在 PPRV 上也被确定。CDV 的 NLS 和 NES 与 PPRV 的非常相似，在 CDV 和 PPRV 中分别为 TGILISIL 和 LLRSLTLF，TGVLISML 和 LLKSLALF，在 CDV 和 PPRV 中 NLS 序列位于 70—77 位，NES 位于 4—11 位。PPRV Nigeria75/1 株具有相似基序，最初研究发现无论是天然的 N 蛋白还是对应的重组蛋白均位于感染的细胞核中（Barrett et al. 2006）。与此相反，另一项研究中用免疫荧光抗体技术发现 Nigeria75/1 株和 Nigeria76/1 株均位于感染细胞的细胞质和细胞核中（Chard et al. 2008）。Nigeria75/1 株核转运无效可解释这种瞬时状态；利用 N 蛋白特异性抗体进一步研究可明确其定位，及感染后对 PPRV 复制的影响。

1.2.2.2 磷（P）蛋白

PPRV 第 1 807—3 333nts 编码磷蛋白（P），翻译的蛋白理论分子量为 60ku，但感染细胞中的 P 蛋白 SDS-PAGE 迁移率为 79ku（Diallo et al. 1987）。大多数麻疹病毒 P 蛋白分子量在 72~86ku 范围变化，这是由于该蛋白富含丝氨酸和苏氨酸而天然呈酸性并在翻译后磷酸化的结果（Diallo et al. 1987）。利用 Netphos 2.0 预测 P 蛋白有 5 个潜在的磷酸化位点（Blom et al. 1999），这些位点在麻疹病毒属中具有保守性。在小反刍兽疫病毒 151、307、361 和 470 位氨基酸这 4 个对应的位点保守，但 348 位的苏氨酸在小反刍兽疫病毒中被丝氨酸代替。P 蛋白磷酸化的重要性尚未明确，部分原因是由于缺乏准确的磷酸化位点的相关信息，其次是目前发现到细胞内磷酸化和脱细胞磷酸化之间不存在相关性（Sheiell et al. 2003）。尽管 P 蛋白或 V 蛋白磷酸化不是病毒转录、复制和致病的必备条件，但还是有必要了解 PPRV 磷酸化方面的信息。第 49、第 38、第 151 位 3 个苏氨酸残基被认为是磷酸化的潜在位点，只有第 151 位点的苏氨酸在麻疹病毒属中（包括 PPRV）是保守的（Kaushik and shaila 2004）。尽管氨基酸序列分析显示 MV 和 PPRV P 蛋白只有 47% 的相似性，但其 C 末端的相似性高于 N 末端。N 蛋白和 P 蛋白形成的复合体仅在细胞质中发现，然而在细胞质和细胞核中均可发现新转录的 P 蛋白（Gombart et al. 1993）。

在副黏病毒科中，P 蛋白具有多种功能。MV N 蛋白和 P 蛋白 C 末端之间的相互作用无固定结构且不稳定，这种瞬时过渡状态有利于模板 RNA 的复制以及复制形成的新 RNA 包装，N–P 间的这种相互作用也是许多关键生物学过程所必需的，如细胞周期的调控、转录和翻译调控（Johansson et al. 2003）。RPV P 蛋白中有两个负责 N–P 蛋白相互作用的基序，一个位于氨基末端第 1—59 位，另一个位于羧基末端第 316—346 位。P 蛋白是 L 聚合酶复合体的重要组成成分，据推测它也是麻疹病毒属病毒跨种致病的关键因素（Yoneda et al. 2004）。P 蛋白和 RNA 依赖的 RNA 聚合酶（RdRp）复合体在翻译 / 复制过程中协同发挥作用时聚合要比磷酸化重要得多（Rahaman et al. 2004）。虽然 P 蛋白在麻疹病毒属复制中有着非常重要的作用，但对于它在小反刍兽疫病毒复制和致病中的具体作用仍不明确，有待进一步研究。

1.2.2.3 基质（M）蛋白

小反刍兽疫病毒基质蛋白（M）开放阅读框（ORF）位于第 3 438—4 442nts，翻译产生的蛋白有 335 个氨基酸、理论分子量 37.8ku。M 基因从 3406nt 的特有 AGGA 序列开始，以 AAACAAAA 序列结尾，在 MV、RPV 和所有 PPRV 毒株中该基因的末端均保守（Muthuchelvan et al. 2006）。M 蛋白以肌动蛋白纤维的形式与 MV 装配和细胞转运有关的位点结合，使 MV 以出芽的方式从宿主细胞中释放，然后感染邻近细胞（Riedl et al. 2002）。M 蛋白也可与 N 蛋白、H 和 F 蛋白的胞内区相互作用（Baron et al. 1994）。此外，已知小反刍兽疫病毒粒子可从肠上皮细胞的微绒毛释放，然后随粪便排出（Bundza et al.1988）。近来在同科的尼帕病毒上发现 M 蛋白第 50—53 位的 FMYL 序列与细胞膜定位和出芽有关（Ciancanelli and Basler 2006）。在 PPRV 的同样位点具有相似结构域，其功能可能与尼帕病毒一致。不同小反刍兽疫病毒毒株 M 蛋白序列相似性为 92%~97%，M 蛋白中的功能区仍需进行研究。M 基因和 F 基因的连接处存在一个长为 1 080nts 的非保守非编码区（UTR），它包含 M 基因的末端和 F 基因的起始端，此区段富含 G+C，其相关功能尚不明确，Taked

等（2005）研究表明MV M基因的3′端UTR具有上调M蛋白的作用，而F基因5′端UTR可下调F蛋白的表达（Takeda et al. 2005）。在PPRV第991—999处发现存在3个重复的ATG密码子（tctATGATGATGtca）序列，在RPV和MV的M基因上也发现存在同样序列，但在CDV、PDV和DMV的M基因上则无此序列（Muthuchelvan et al. 2006）。总之，这些因素可能会使病毒对特定宿主的致病性发生改变。

1.2.2.4 融合（F）蛋白

F基因在不同的PPRV毒株间非常保守，其编码基因富含G+C，翻译后蛋白长546个氨基酸，理论分子量59.137ku。F基因序列高度保守性可能是麻疹病毒属之间及病毒之间具有高度交叉保护的原因，如PRV疫苗可用于PPRV免疫预防。基因序列的同源性说明副黏病毒科病毒F蛋白普遍具备融合作用，这也是F蛋白基本的生物学活性。与其他麻疹病毒属病毒一样，PPRV的5′端UTR（长度628nts）含有丰富的次级环茎结构，且在F蛋白实际翻译密码子之前有多个潜在的起始密码子。PPRV也具有长为136nts的3′端UTR，以序列AAACAAAA结尾，之后间隔三核苷酸CTT（Dhar et al. 2006）。F蛋白和H蛋白被病毒脂质双层囊膜包围，突出形成纤突（彩图1.1a）。在麻疹病毒属，F蛋白在H蛋白的辅助作用下，作为融合启动子使细胞膜和病毒囊膜在细胞表面融合，从而介导病毒侵入哺乳动物细胞中，随后病毒基因组进入宿主细胞内（Moll et al.2002）。

F_0是麻疹病毒属毒力决定因子的无活性前体，主要取决于裂解位点的氨基酸序列和细胞蛋白酶裂解F蛋白的能力。尽管裂解不是病毒组装所必需的，但它是病毒感染和致病性的先决条件（Watanabe et al. 1995）。F_0在转录后被蛋白水解产生F_1和F_2两个亚单位，但它们之间仍旧以二硫键连接。序列分析表明麻疹病毒属F_0蛋白除去两个易变的疏水域外具有很高的保守性，其第一区段（N端）负责将该蛋白附着在粗面内质网上进行合成，第二区段（C端）与该蛋白质在细胞膜上的锚定有关。由于第二区段的突变将导致病毒增殖抑制，因此认为该区段位于细胞质内，与M蛋白相互作用而促进病毒出芽（Meyer and Diallo 1995）。在不同的PPRV毒株之间，这些区域非常保守。麻疹病毒属中存在裂解位点RRX_1X_2R（X_1为任意氨基酸，X_2为除Arg和Lys外的氨基酸），PPRV第104—108位也存在RRTRR序列，该序列可被高尔基体蛋白肽链内切酶识别（Chard et al. 2008）。副黏病毒科膜锚定亚基 F_1 有 4 个保守的基序：N 末端的融合肽段（Fusion peptide，FP）、七肽重复序列 1（Heptade repeat 1，HR1）、七肽重复序列 2（HR2）和跨膜区（transmembrane，TM）。PPRV 的 HR1-HR2 复合体的三维结构已被解析，HR2 和 HR1 异源二聚体围绕 HR1 三聚体形成的内芯排列，最终形成一个六螺旋束的结构（彩图 1.2）。锚定在膜上的 FP 结构域和 HR 二聚体结构域通过使宿主细胞膜和病毒囊膜互相靠近而导致融合（Rahaman et al. 2003）。大多数副黏病毒科病毒如 SV5、NDV 和 PPRV 等具有与七肽重复序列相似的结构，因此它们具有共同的融合机制。副黏病毒科 F 蛋白包含一个亮氨酸拉链基序，在 PPRV 位于第 459—480 位且不同 PPRV 毒株均保守，这个基序负责促进聚合和 F 蛋白的融合功能，但其机制尚不清楚（Plemper et al. 2001）。

与所有膜联蛋白一样，F 蛋白也存在潜在的 N 连结糖基化位点。通过转录后修饰添加寡糖侧链的过程不仅对蛋白质运输到细胞表面至关重要，对维持其融合能力和完整性也同样重要。麻疹病毒属所有成员在成熟蛋白的 F_2 亚单位上有一个保守糖基化位点 NXS/T（X 代表任意氨基酸）（Meyer and Diallo 1995）。小反刍兽疫病毒有 3 个糖基化位点 NLS、NIT 和 NCT，分别位于 25—27、57—59 和 63—65 位氨基酸，它们的特殊功能有待进一步研究。

1.2.2.5 血凝集素（HN）蛋白

HN 或 H 是麻疹病毒属保守性最差的蛋白之一，在密切相关的两种反刍动物病毒 RPV 和 PPRV 中，虽然均含有 609 个氨基酸残基，但其氨基酸的相似性仅为 50%，这种差异可能是特异性细胞嗜性的反映，宿主的体液免疫反应主要是针对 HN 蛋白。H 蛋白 B 细胞表位图谱表明了其免疫原性，由于中和抗体的产生，H 蛋白处于持续的高免压力之下（Renukaradhya et al. 2002）。小反刍兽疫病毒 Nigeria 75/1 株 H 基因开放读码框从 7 326—9 152nt，编码 67 ku 的 HN 蛋白。MV H 蛋白介导病毒与宿主细胞受体结合，这是病毒感染过程的第一步。HN 蛋白是一种由二硫键连接的同源二聚体，其 N 末端具有信号肽且位于胞质一侧，而 C 末端位于细胞外（Vongpunsawad et al. 2004）；MV H 蛋白是细胞嗜性的主要决定因素，也是 RPV 兔化弱毒跨种致病的主要原因（Yoneda et al. 2002），这些均表明 H 蛋白是麻疹病毒属最为重要的抗原决定蛋白。为避免 PPR 和 RP 诊断的混淆，有人尝试构建嵌合 RP 疫苗，Das 等已成功构建了用 PPRV HN 和 / 或 F 基因替换 RPV HN 和 / 或 F 基因的 RPV cDNA，但无法拯救出只携带其中一个糖蛋白的嵌合 RPV，这表明这些糖蛋白在介导病毒入侵、装配和出芽方面型特异性相互作用的重要性（Das et al. 2000）；唯一可能拯救出嵌合病毒的方法是同时将 PPRV HN 和 F 替换至 RPV 基因组，这类重组病毒在组织培养中的生长速度比亲本病毒的慢，而且形成了异常大的合胞体。尽管如此，这种嵌合病毒可诱导山羊产生的免疫能保护其免受 PPRV 野毒的感染。但是，有些结果与此假设相矛盾，如 MV 和 RPV H 蛋白可与 CDV H 蛋白互换（Brown et al. 2005）。

在几种麻疹病毒（RPV、MV、CDV 和 PPRV）中，仅有 MV 病毒受体研究的比较清楚，仅有细胞培养驯化的 MV 疫苗株可以利用细胞表面 CD46 为受体，而疫苗株和野毒株均可利用淋巴细胞激活信号分子（signal lymphocyte activating molecules，SLAM，又称 CD150）作为受体（Tatsuo et al. 2000）。虽然小鼠 SLAM 与人 SLAM 在结构（氨基酸相似性为 60%）和功能方面均有很高的相似性，但鼠 SLAM 不能作为 MV 的受体。目前认为第 58—67 位氨基酸基序的保守性（特别是第 60 位的异亮氨酸，61 位的组氨酸和 63 位的缬氨酸）对人和鼠 SLAM 受体间的差异起决定性作用（Ohno et al. 2003）。现已证实，山羊（PPRV 的自然宿主）SLAM 第 60、第 61 位氨基酸与人、鼠 SLAM 相同，这可能对宿主感染 PPRV 易感性具有决定性作用。另有研究表明，MV 中有 7 个氨基酸残基对人 SLAM 和 MV 的相互作用极其重要，其中有 6 个（Y529、D530、R533、F552、Y553 和 P554）在 PPRV 中是保守的（Vongpunsawad et al. 2004）。与这些研究一致，Pawar 等利用 siRNA 技术进一步确证 SALM 是 PPRV 的一个共受体（Pawar et al. 2008）。在 SLAM 受体沉默的 B95a 细胞（类成淋巴细胞系）上，PPRV 的复制降低了 12~143 倍，病毒滴度介于 $\log_{10}1.09$~2.28（12~190 倍）（Pawar et al. 2008）。其他预测的 PPRV 受体还有待进一步确证。利用 ScanProsite 软件预测，PPRV H 蛋白的 N 连接糖基化位点为 N18KTH21、N172KSK175、N215VSS218、N279MSD282 和 N215VSS218（Gattiker et al. 2002; Dhar et al. 2006）。

在一些副黏病毒中，糖蛋白不仅具有血凝素活性，还具有神经氨酸酶活性。麻疹病毒属中仅 MV 和 PPRV 具有血凝素活性（Varsanyi et al. 1984; Seth and Shaila 2001），PPRV 也是唯一具有神经氨酸酶活性的病毒，因而它是麻疹病毒属中唯一一个具有 HN 蛋白的成员（Seth and Shaila 2001）。与 PPRV 关系密切的 RPV 具有有限的神经氨酸酶活性，但它不能凝集红细胞（Langedijk et al. 1997）。Renukaradhya 等利用 mAbs 鉴定了 PPRV HN 蛋白的功能性表位（Renukaradhya et al. 2002），证明两个区域为免疫优势位点，即第 263—368 位氨基酸和 538—609 位氨基酸区段。现在认为，麻疹病毒属（尤其是 PPRV）的 HN 蛋白不仅负责将病毒附着到细胞表面和红细胞凝集的作用（血凝素活性），而且负责从唾液酸糖基部分降解唾液酸（神经氨酸酶活性），以前一直认为其缺乏后一类作用。

1.2.2.6 大（L）蛋白

麻疹病毒属病毒蛋白中，L 蛋白是最大的蛋白，其基因 ORF 大小为 6949nt，编码 2183 个氨基酸；由于在每个基因连接处的衰减作用，编码 L 蛋白的 mRNA 含量最少（Flanagan et al. 2000）。值得注意的是，在麻疹病毒属中 L 蛋白是保守的，PPRV L 蛋白与 RPV、CDV L 蛋白的同源性分别为 70.7% 和 57.0 %（Bailey et al. 2005）（表 1.1）。PPRV L 蛋白长度为 2 183 个氨基酸，预测的分子量为 247.3 ku，与其他麻疹病毒属成员（RPV、MV 和 DMV）的相当，但 PPRV 所带的正电荷（+14.5）与 RPV（+22.0）和 PDV 的不同（+28.0）。与其他单股负链 RNA 病毒一样，PPRV L 蛋白富含异亮氨酸和亮氨酸（18.4 %）（Muthuchelvan et al. 2005）。

作为 RNA 聚合酶，L 蛋白负责病毒基因组 RNA 的转录和复制，包括起始、延伸和终止。L 蛋白还负责病毒 RNA 的帽化、甲基化和多聚腺苷酸化。PPRV L 基因的起始基序（AGGAGCCAAG）与所有麻疹病毒属 L 基因的起始基序 [AGG（A/G）NCCA（A/G）G] 一致，L 蛋白的两个功能即病毒 L 基因 mRNA 的生成和帽化信号基于对该基序的识别。除 MV 之外，所有麻疹病毒属病毒起始密码子的前面是负责真核细胞转录起始的 Kozak 基序 [（A/G）CCAUG]（Kozak 1986）。

研究显示，不分节段的单股负链 RNA 病毒的 L 蛋白被两个可变区（607—652nt 和 1 695—1 717nt）分为 3 个独立的结构域，每个结构域具有不同的功能（Malur et al. 2002; Cartee et al. 2003）。在这 3 个结构域中，前两个带正电荷，第三个带负电荷。第一个结构域为 N 端 1—606 残基，带有一个 RNA 结合基序 KEXXRLXXKMXXKM（X 代表任何氨基酸），该基序本质为高疏水性，K 有规律的与碱性氨基酸相间隔。PPRV 的 540—553 位氨基酸基序

KETGRLFAKMTYKM 与其他麻疹病毒属病毒一致，该结构域带负电荷可能与其结合 RNA 的能力相关，有意义的是发现 N 蛋白和 P 蛋白与 RNA 聚合酶复合体结合相关的部分也带负电荷。PPRV 此结构域的第 357—359 位氨基酸还有一个不变的 GHP 肽段，它可能形成一个转角结构，与暴露的组氨酸残基一起共同起着一种重要功能（Poch et al. 1990）。第二个结构域（650—1 694 位氨基酸）中有两个基序，一个位于第 771 位（QGDNQ），另一个位于第 1 464 位（GDDD），这两个基序都与 RNA 聚合酶功能位点相关（Blumberg et al. 1988）。在五肽（QGDNQ）基序中，GDN 三肽与正链单股 RNA 聚合酶结构域 Asp—Asp（GDD）相似，且在麻疹病毒属中保守，GDN 序列负责形成磷酸二酯键、模板的特异性以及阳离子的结合（Muthuchelvan et al. 2005; Poch et al. 1990）。第三个结构域不仅在第 1 788 位氨基酸处有一个 ATP 结合位点（GXGXGX 之后紧接着富含赖氨酸的区域，在 PPR 中序列为 GEGSGS），且具有激酶活性，其具体功能尚不清楚（Blumberg et al. 1988）。Muthuchelvan 等认为麻疹病毒属 L 蛋白与其他负链单股 RNA 病毒一样也分为 6 个结构域，其中两个区域相似性低（第 607—650、第 1 695—1 717 位氨基酸）（Muthuchelvan et al. 2005）。这种功能结构域预测的差异可能是由于运用了不同算法的结构域预测软件所造成。

表 1.1　小反刍兽疫病毒（Turkey 2000, 编号 AJ849636）与其他麻疹病毒属病毒各基因开放阅读框核苷酸（nt）和氨基酸（aa）的比较

项目	毒株（序列号）								翻译后修饰
	牛瘟病毒 Kabete ‘O’ (X98291) (%)		麻疹病毒 9301B (AB012948) (%)		大瘟热病毒 Onderstepoort (AF305419) (%)		海豚麻疹病毒 CeMV (AJ608288) (%)		
蛋白相似度	nt	aa	nt	aa	nt	aa	nt	aa	—
核衣壳蛋白 (N)	66.2	72.9	66.8	73.5	62.5	68.5	66.2	72.9	糖基化
磷蛋白 (P)	62.4	50.5	60.4	45.1	56.6	45.3	61.6	49.1	磷基化
C 蛋白	58.8	41.8	53.2	40.3	53.1	35.0	58.5	37.2	—
V 蛋白	61.9	45.1	59.0	41.3	54.2	40.4	59.0	43.5	磷基化
基质蛋白 (M)	72.2	66.1	74.0	68.2	73.1	60.3	69.1	64.0	—
融合蛋白 (F)	68.0	73.8	67.0	71.7	50.2	54.2	65.9	73.3	糖基化
血凝素蛋白 (HN)	55.5	39.4	53.5	34.5	47.2	28.4	52.9	37.3	磷基化
大蛋白 (P)	68.1	75.6	68.1	75.1	64.8	71.1	67.3	73.7	糖基化
全基因组	63.7	—	63.4	—	58.5	—	62.0	—	—

注：全基因组行代表麻疹病毒属全长比较，应用 BioEdit version 7.0.9.0 计算相似性得分。

麻疹病毒属中，当L蛋白和P蛋白连接时其仅执行作为RNA聚合酶的功能，第9—21位氨基酸序列ILYPEVHLDSPIV可作为P和L蛋白的一个结合位点（Horikami et al. 1994）。对这个基序预测表明它是由一个α螺旋和β折叠环绕的卷曲结构。Cevik等（2003）认为连接形成的L2P4或L2P8结构对RNA聚合酶复合体极其重要，当其与P基因表达的V和C蛋白相互作用时，把这点考虑进去后形成的该复合体结构图将会更为复杂（Sweetman et al. 2001）。副黏病毒科中P–L相互作用的序列是保守的，PPRV中除了第一个氨基酸被缬氨酸代替外，其他的氨基酸都是保守的（Chard et al. 2008）。尽管其中有两个疏水性氨基酸（V和I），但它在相互作用中造成差异的可能性很小，有关它们在L和P蛋白相互作用中的贡献尚未开展研究。

1.2.3 小反刍兽疫病毒辅助蛋白

在感染细胞中，副黏病毒不仅编码6个结构蛋白，还编码2个非结构蛋白。在麻疹病毒属，除了P基因转录的mRNA外，其他所有的mRNA只编码一种蛋白。除了共线P基因外，P基因还分别通过可变阅读框和RNA编辑编码C和V基因（彩图1.3）。

1.2.3.1 C蛋白

C蛋白由P基因翻译，自P基因阅读框（ORF）中的第二个起始密码子（第82位ATG）产生（彩图1.3）。PPRV C蛋白是由117个残基组成的小蛋白，预测分子量为20.11 ku，与RPV C蛋白的长度一样，但比CDV和PDV的多3个氨基酸（Barrett et al. 2006）。在麻疹病毒属中，MV C蛋白（186个氨基酸）最长，而DMV C蛋白（160个氨基酸）最短。

与P蛋白不同，C蛋白不发生磷酸化，MV感染细胞的胞质和胞核部分都可检测到（Bellini et al. 1985），而RPV感染细胞仅能在胞浆中检测到（Sweetman et al. 2001）。这种不同的结果表明RPV的C蛋白和L蛋白结合可调节RNA聚合酶的功能（Sweetman et al. 2001），但其他人发现C蛋白不与其他病毒蛋白产生相互作用（Liston et al. 1995）。由于C蛋白在生理学pH条件下带强正电荷，提示了其与RNA产生相互作用。近来，研究发现RPV C蛋白可抑制干扰素-β（IFN-β）的产生（Boxer et al. 2009）。虽然关于C蛋白抑制作用的分子机制还有待于进一步研究，但这很可能是C蛋白阻断了IFN-β增强子组装所必需的转录激活因子的活性。此外，不同RPV株的C蛋白对IFN-β的抑制作用不同，这反映了病毒株特异性作用。虽然已证明C蛋白是MV感染和RPV生长过程中的一个毒力因子（Patterson et al. 2000；Baron and Barrett 2000），但对PPRV C蛋白的生物学功能了解很少，还有待于验证。

1.2.3.2 V蛋白

在转录过程中，在P基因一个特定的RNA编辑位点插入一个G残基而使读码框移位产生了V蛋白。在麻疹病毒属中，编辑位点（5′-TTAAAAGGGCACAG-3′）保守，此位点在PPRV位于P基因第742—756位核苷酸。麻疹病毒属V蛋白的长度不同：PPRV中有298个氨基酸，CDV和RPV含有299个氨基酸，而MV和DMV分别包含300个和303个氨基酸（图1.1a）。V蛋白的预测分子量为32.28 ku，预测的等电点为4.68。由于具有相同的起始基因框，V蛋白与P蛋白具有相同的氨基端，但编辑后因此发生读码框移位使V蛋白富含半胱氨酸的羧基端与P蛋白不同（Mahapatra et al. 2003）。截至目前在所有已测序的PPRV毒株中，其羧基端是保守的（图1.1b）。这种转录编辑仅发生在病毒感染细胞中（Mahapatra et al. 2003）。

与P蛋白相似，V蛋白也发生磷酸化。通过Netphos 2.0软件预测，60%的丝氨酸残基磷酸化的得分很高（Blom et al. 1999）。研究显示V蛋白可与N和L蛋白连接，这表明V蛋白参与病毒RNA的合成（Sweetman et al. 2001）。虽然尚未明确V蛋白的作用，但Tober等发现缺乏V蛋白提高了病毒复制，这提示其在转录过程中的作用（Tober et al. 1998）。因为在麻疹病毒属和许多其他副黏病毒中，这些非结构蛋白都是保守的，这就暗示它们在各自的病毒的生长和致病性方面具有重要作用。应用反向遗传进行特异性位点突变和缺失特定蛋白的方法将进一步明确其在病毒生活周期和致病性方面的作用。V蛋白已被研究清楚的一个特性是在天然免疫中的作用，大多数副黏病毒具有抗干扰素作用的能力，但其机制和相关的蛋白在不同病毒中有差异。现已明确缺乏V蛋白或其半胱氨酸富集区域的重组病毒在体内的生长速度减慢，这可能由于其具有拮抗IFN作用所导致（Chambers and Takimoto 2009）。尽管PPRV具有麻疹病毒属的许多共性，但还是需要开展关于其V蛋白功能作用方面的研究。

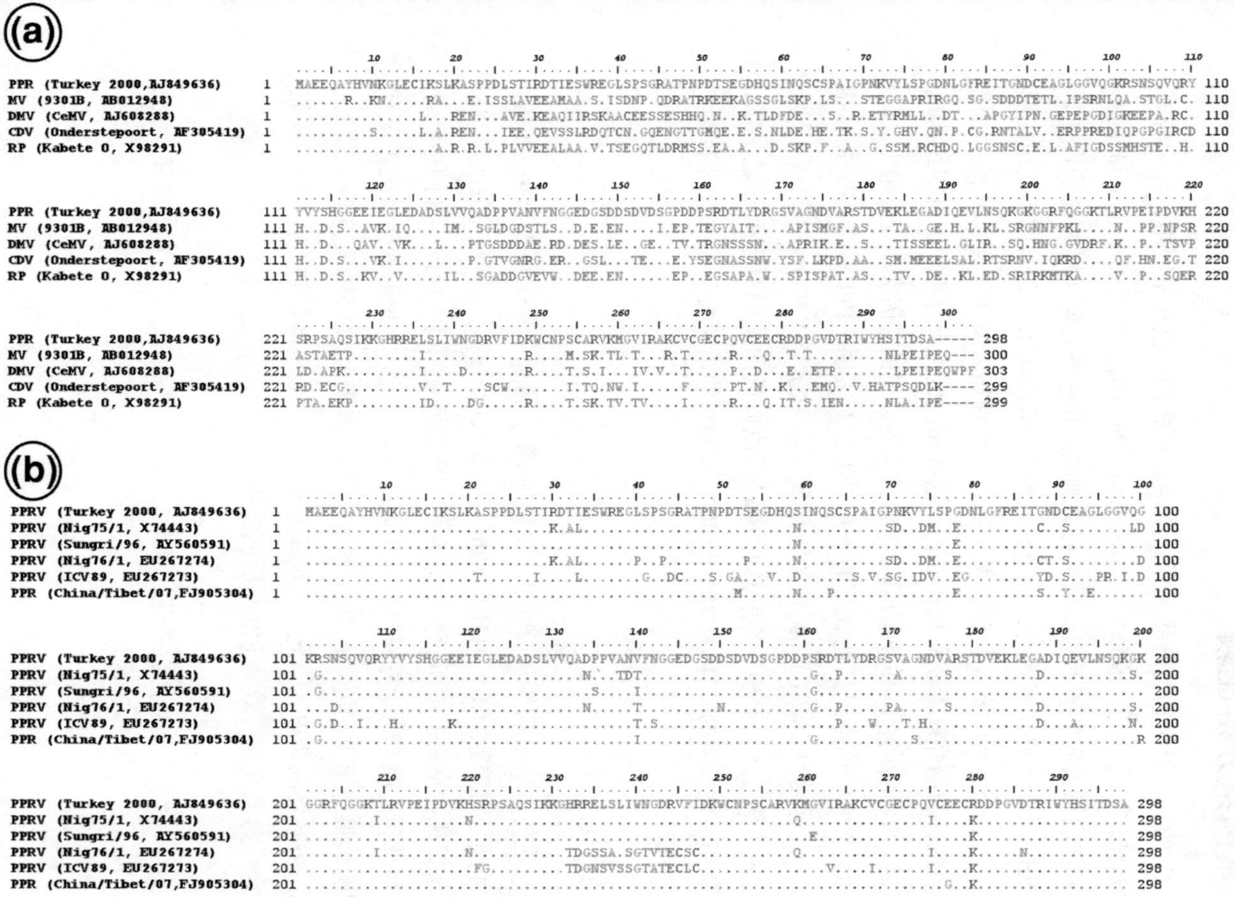

图 1.1　V 蛋白的比对

a. 不同麻疹病毒 V 蛋白长度的比较；b. 不同小反刍兽疫病毒分离株 V 蛋白长度和序列相似性的比较。相似性质的氨基酸用相同的颜色标注。

1 小反刍兽疫病毒基因组
PPR (Turkey 2000, AJ849636)   1   MAEEQAYHVNKGLECIKSIKASPPDLSTIRPDTIESWREGLSPSGRATPNPDTSEDHQSINQSCSPAIGPNKYVLSPGDNLGFREITGMDCEAIGGVQGRSNSQVRY 110
MV (9301B, MB012948)   1   .....R. KN.....RA.... E. ISSLAVELAMAA.S. ISDNP. QDPRATRPEKEAGGSGLSKP.IS... STEGGAPRIRGQ.SG.SDDDTETL.IPSRNLQA.STOL.C. 110
DMV (CeMV, LJ608288)   1   .........S.......L.A. PEN.. AVE. KEAQIIPSKGACEESESEHHO.N. K. TLDPDE... S.. R. ETYRMLL. DT... APGYIPN. GEPEPGDIKEEPA.RC. 110
CDV (Onderstepoort, MF305419)   1   ....IEE. QEVSSLPDGTCN.GQENGTTVCMQE.E.S. NIDE. HE. TK.S.Y. GHV. QN. P. CG. PNTALV. ERPPEDIQPGPGIRCD 110
RP (Kabete 0, X98291)   1   ....A. P. P. L. PLVVEEALAA.V. TEEGQTLDRKSS. EA. A.. D. SKP. F.A.. G. SSM. PCHDO. LGGSMSC.E.L. APIGDSSMHSTE.H. 110
PPR (Turkey 2000, AJ849636)   111   VVYSHGGEEIEGLEDADSLVVQADPPYANVFNGGEDGSDDSDVDSGPDDFSRDTILYDRGSVAGMDVARSTDVEKLEGADIQEVLNSQKK.KVGGKTLRVPEIPDVKH 220
MV (9301B, MB012948)   111   H.D.S.. AVK. IO.... IM.. SGLDGDSTLS. D. E. EN....I. EF. TEGTAIT... APISMGF. AS... TA.. SM. KL. KL. SRGMNPFKL.... N. PP. NFSR 220
DMV (CeMV, LJ608288)   111   H.D.. QAV. VK...... L.. FTGSDDDAE. PD. DES. LE. GE.. TV. TRGMSSSN.. APRIK. E. S... TISSEEL. GLIP.. SQ. EHG. GVDRF. H... TSVP 220
CDV (Onderstepoort, MF305419) 111   H.D.S.. KV... V.... P. GTVGHRG. ER. GSL.. TE... E. YSE.GMASSMW. YSF. LKPD. AA.. SM. MEEELSAL. PTSRRV. IQKRD.... QF. HN. EG. T 220
RP (Kabete 0, X98291)   111   H.D.S.. KV. V..... IL. SGADDGVEW.. DEE. EN..... EP. EGSAPA. W. SPISPAI. AS... IV.. DE.. KL. ED. SRIPRKNTKA... V.. P. SQER 220
PPR (Turkey 2000, AJ849636)   221   SRPSAQSIFKGHPRELSLIWNGDRVFIDKMGNPSCARVKMGVIRAKCVGECPQVCEECRDDPGVDTIRIWHSITDSA-------- 298
MV (9301B, MB012948)   221   ASTAETP.........I... D.... R... M. SK. TL. T... R. T.... R.. Q. T. T..... R................... NLPEIPEQ------- 300
DMV (CeMV, LJ608288)   221   LD. APK..............I... D........ T. S.I... IV. V. F.......PT. N.. K.. EMQ.. V. HATPSQDLK------ 303
CDV (Onderstepoort, MF305419) 221   PD. ECG................V. T... SCW... I. TQ. NW. I... F.......... R.. Q. IT. S. IEN..... NLA. IPE------ 299
RP (Kabete 0, X98291)   221   PTA. EKP......... ID... R... T. SK. TV. TV................................ LPEIPEQWPF----- 299
PPRV (Turkey 2000, AJ849636)   1   MAEEQAYHVNKGLECIKSIKASPPDLSTIRPDTIESWREGLSPSGRATPNPDTSEDHQSINQSCSPAIGPNKYVLSPGDNLGFREITGMDCEAGLGGVQG.LD 100
PPRV (Nig75/1, X74443)   1   .... K. AL... C.. S..... 100
PPRV (Sungri/96, KY560591)   1   .... K. AL... CT. S..... 100
PPRV (Nig76/1, EU267274)   1   .... K. AL..T.... YD. S.. FB. ID 100
PPRV (ICV89, EU267273)   1   100
PPRV (China/Tibet/07,FJ905304) 1   100
PPRV (Turkey 2000, AJ849636) 101   KRSNSGVQRYIVYSHGGEEIEGLEDADSLVVQADPPYANVFNGGEDGSDDSDVDSGPDDFSRDTILYDRGSVAGMDVARSTDVEKLEGADIQEVLNSQKGK 200
PPRV (Nig75/1, X74443)   101   .... G.......... D.... I.. G...................... P.................. S.... G. P.. Pa...... W. T. H...... S..... 200
PPRV (Sungri/96, KY560591)   101   .... G.............. I.................. N.. TDT................. G.... G. P........ W. T. H........... S..... 200
PPRV (Nig76/1, EU267274)   101   .... G............................... S..... T.............. T. S................. G. P........ W. T. H.... D..... 200
PPRV (ICV89, EU267273)   101   .... G.D. I.. H..... K..... N.................... T. S.............................. G................ a...... R. 200
PPRV (China/Tibet/07,FJ905304)101   .... G..................... K..... M.............. G. DC. S. SA.. V. D................. S. V. SG. EN.... EG... S.... Y. E..... 200
PPRV (Turkey 2000, AJ849636) 201   GGRFQGGKTLRVPEIPDVKHSRPSAQSIFKGHPRELSLIWNGDRVFIDKMGNPSCARVKMGVIRARCVGECPQVCEECRDDPGVDTIRIWHSITDSA 298
PPRV (Nig75/1, X74443)   201   .... K........... 298
PPRV (Sungri/96, KY560591)   201   .... N...........................E................... K........... 298
PPRV (Nig76/1, EU267274)   201   .... FG................................... V.......... K.... N..... 298
PPRV (ICV89, EU267273)   201   .... TDGSSA. SGIVIECSC.. 298
PPRV (China/Tibet/07,FJ905304)201   .... TDGNSVSSGIATECLC.. 298
15

1.3 基因组分析比较

PPRV 的基因组结构与麻疹病毒属其他成员相同，仅在基因组长度上存在微小的差异。尽管如此，麻疹病毒属所有成员都含有一个长度小于 16kb 的基因组。麻疹病毒属病毒属于副黏病毒科的副黏病毒亚科，除了腮腺炎病毒属含有一个 SH（小疏水性）基因外，该亚科的所有属都具有相同的基因组构成（彩图 1.4）。第二个肺炎病毒亚科包含两个属：变性肺病毒属和肺炎病毒属。由比较简图可知，与副黏病毒亚科相比而言，这些属的成员含有不同的基因组构成（彩图 1.4）。在副黏病毒科的所有病毒中，肺炎病毒属的基因次序变化最大。

PPRV 与麻疹病毒属其他成员的全基因组比对表明，PPRV 与 RPV Kabete ‘O’ 株（登录号 X98291）的同源性最高，其次是 MV 9301B 株（登录号 AB012948）（表 1.1）。PPRV 与麻疹病毒属其他成员的总配对序列比较显示，与核苷酸相似性预测的一样，PPRV 与 RPV 和 MV 的亲缘关系近（彩图 1.5）。

1.4 结论

反向遗传系统有助于从分子水平理解病毒不同蛋白在病理生物学方面的作用，尤其是对 MV、CDV 和 RPV 的研究。令人遗憾的是，没有有效的 PPRV 反向遗传系统，是病毒本质研究难以取得进展的最大障碍。因此，在阐述病毒分子生物学和病理生物学方面仍存在很大的缺口。此外，反向遗传系统不仅有助于阐明病毒与宿主间复杂的相互作用，而且有利于增加我们对 PPRV 复制、毒力和细胞嗜性的认识。因此，在期望从分子水平上获得对 PPRV 了解的任何进展之前，急需建立有效的 PPRV 反向遗传系统。

（窦永喜，蒙学莲，朱学亮　译；窦永喜，李志勇，杨洋　校）

参考文献

Bailey D, Banyard A, Dash P, Ozkul A, Barrett T(2005) Full genome sequence of peste des petits ruminants virus, a member of the Morbillivirus genus. Virus Res 110(1–2):119–124.

Bailey D, Chard LS, Dash P, Barrett T, Banyard AC(2007) Reverse genetics for peste-des-petitsruminants virus(PPRV): promoter and protein specificities. Virus Res 126(1–2):250–255.

Baron MD, Barrett T(2000) Rinderpest viruses lacking the C and V proteins show specific defects in growth and transcription of viral RNAs. J Virol 74(6):2 603–2 611.

Baron MD, Goatley L, Barrett T(1994) Cloning and sequence analysis of the matrix(M) protein gene of rinderpest virus and evidence for another bovine morbillivirus. Virology 200(1):121–129.

Barrett T, Ashley CB, Diallo A(eds)(2006) Molecular biology of the morbilliviruses. In: Rinderpest and Peste des Petits Ruminants Virus Plagues of Large and Small Ruminants, 2nd edn. Elsevier, Academic Press, London.

Bellini WJ, Englund G, Rozenblatt S, Arnheiter H, Richardson CD(1985) Measles virus P gene codes for two proteins. J Virol 53(3):908–919.

Blom N, Gammeltoft S, Brunak S(1999) Sequence and structure-based prediction of eukaryotic protein phosphorylation sites. J Mol Biol 294(5):1 351–1 362.

Blumberg BM, Crowley JC, Silverman JI, Menonna J, Cook SD, Dowling PC(1988) Measles virus L protein evidences elements of ancestral RNA polymerase. Virology 164(2):487–497.

Bodjo SC, Kwiatek O, Diallo A, Albina E, Libeau G(2007) Mapping and structural analysis of B-cell epitopes on the morbillivirus nucleoprotein amino terminus. J gen virol 88(Pt 4):1 231–1 242.

Bodjo SC, Lelenta M, Couacy-Hymann E, Kwiatek O, Albina E, Gargani D, Libeau G, Diallo A(2008) Mapping the Peste des Petits Ruminants virus nucleoprotein: identification of two domains involved in protein self-association. Virus Res 131(1):23–32.

Boxer EL, Nanda SK, Baron MD(2009) The rinderpest virus non-structural C protein blocks the induction of type 1 interferon. Virology 385(1):134–142.

Brown DD, Collins FM, Duprex WP, Baron MD, Barrett T, Rima BK(2005) 'Rescue' of minigenomic constructs and viruses by combinations of morbillivirus N, P and L proteins. J gen virol 86(Pt 4):1 077–1 081.

Buckland R, Giraudon P, Wild F(1989) Expression of measles virus nucleoprotein in Escherichia coli: use of deletion mutants to locate the antigenic sites. J gen virol 70(Pt 2):435–441.

Bundza A, Afshar A, Dukes TW, Myers DJ, Dulac GC, Becker SA(1988) Experimental peste des petits ruminants(goat plague) in goats and sheep. Can J Vet Res(Revue canadienne de recherche veterinaire) 52(1):46–52.

Cartee TL, Megaw AG, Oomens AG, Wertz GW(2003) Identification of a single amino acid change in the human respiratory syncytial virus L protein that affects transcriptional termination. J Virol 77(13):7 352–7 360.

Chambers R, Takimoto T(2009) Antagonism of innate immunity by paramyxovirus accessory proteins. Viruses 1(3):574–593.

Chard LS, Bailey DS, Dash P, Banyard AC, Barrett T(2008) Full genome sequences of two virulent strains of peste-des-petits ruminants virus, the Cote d'Ivoire 1989 and Nigeria 1976 strains. Virus Res 136(1–2):192–197.

Choi KS, Nah JJ, Ko YJ, Kang SY, Joo YS(2003) Localization of antigenic sites at the aminoterminus of rinderpest virus N protein using deleted N mutants and monoclonal antibody. J Vet Sci 4(2):167–173.

Choi KS, Nah JJ, Ko YJ, Kang SY, Yoon KJ, Jo NI(2005) Antigenic and immunogenic investigation of B-cell epitopes in the nucleocapsid protein of peste des petits ruminants virus. Clin Diagn Lab Immunol 12(1):114–121.

Ciancanelli MJ, Basler CF(2006) Mutation of YMYL in the Nipah virus matrix protein abrogates budding and alters subcellular localization. J Virol 80(24):12 070–12 078.

Das SC, Baron MD, Barrett T(2000) Recovery and characterization of a chimeric rinderpest virus with the glycoproteins of peste-des-petits-ruminants virus: homologous F and H proteins are required for virus viability. J Virol 74(19):9 039–9 047.

Dechamma HJ, Dighe V, Kumar CA, Singh RP, Jagadish M, Kumar S(2006) Identification of T-helper and linear B epitope in the hypervariable region of nucleocapsid protein of PPRV and its use in the development of specific antibodies to detect viral antigen. Vet Microbiol 118(3–4):201–211.

Dhar P, Muthuchelvan D, Sanyal A, Kaul R, Singh RP, Singh RK, Bandyopadhyay SK(2006) Sequence analysis of the haemagglutinin and fusion protein genes of peste-des-petits ruminants vaccine virus of Indian origin. Virus Genes 32(1):71–78.

Diallo A(1990) Morbillivirus group: genome organisation and proteins. Vet Microbiol 23(1–4):155–163.

Diallo A, Barrett T, Barbron M, Meyer G, Lefevre PC(1994) Cloning of the nucleocapsid protein gene of peste-des-petits-ruminants virus: relationship to other morbilliviruses. J gen virol 75(Pt 1):233–237.

Diallo A, Barrett T, Lefevre PC, Taylor WP(1987) Comparison of proteins induced in cells infected with rinderpest and peste des petits ruminants viruses. J gen virol 68(Pt 7):2 033–2 038.

Diallo A, Minet C, Le Goff C, Berhe G, Albina E, Libeau G, Barrett T(2007) The threat of peste des petits ruminants: progress in vaccine development for disease control. Vaccine 25(30):5591–5597.

Durojaiye OA, Taylor WP, Smale C(1985) The ultrastructure of peste des petits ruminants virus. J Vet Med Ser B Infect Dis Immunol Food Hyg Vet Public Health(Zentralblatt Fur Veterinarmedizin Reihe B) 32(6):460–465.

Flanagan EB, Ball LA, Wertz GW(2000) Moving the glycoprotein gene of vesicular stomatitis virus to promoter-proximal positions accelerates and enhances the protective immune response. J Virol 74(17):7 895–7 902.

Gattiker A, Gasteiger E, Bairoch A(2002) ScanProsite: a reference implementation of a PROSITE scanning tool. Applied bioinformatics 1(2):107–108.

Gibbs EP, Taylor WP, Lawman MJ, Bryant J(1979) Classification of peste des petits ruminants virus as the fourth member of the genus Morbillivirus. Intervirology 11(5):268–274.

Giraudon P, Jacquier MF, Wild TF(1988) Antigenic analysis of African measles virus field isolates: identification and localisation of one conserved and two variable epitope sites on the NP protein. Virus Res 10(2–3):137–152.

Gombart AF, Hirano A, Wong TC(1993) Conformational maturation of measles virus nucleocapsid protein. J Virol 67(7):4 133–4 141.

Hoffman MA, Banerjee AK(2000) Precise mapping of the replication and transcription promoters of human parainfluenza virus type 3. Virology 269(1):201–211.

Horikami SM, Smallwood S, Bankamp B, Moyer SA(1994) An amino-proximal domain of the L protein binds to the P protein in the measles virus RNA polymerase complex. Virology 205(2):540–545.

Huber M, Cattaneo R, Spielhofer P, Orvell C, Norrby E, Messerli M, Perriard JC, Billeter MA(1991) Measles virus phosphoprotein retains the nucleocapsid protein in the cytoplasm. Virology 185(1):299–308.

Johansson K, Bourhis JM, Campanacci V, Cambillau C, Canard B, Longhi S(2003) Crystal structure of the measles virus phosphoprotein domain responsible for the induced folding of the C-terminal domain of the nucleoprotein. J Biol Chem 278(45):44 567–44 573.

Karlin D, Longhi S, Canard B(2002) Substitution of two residues in the measles virus nucleoprotein results in an impaired self-association. Virology 302(2):420–432.

Kaushik R, Shaila MS(2004) Cellular casein kinase II-mediated phosphorylation of rinderpest virus P protein is a prerequisite for its role in replication/transcription of the genome. J Gen Virol 85(Pt 3):687–691.

Keita D, Servan de Almeida R, Libeau G, Albina E(2008) Identification and mapping of a region on the mRNA of Morbillivirus nucleoprotein susceptible to RNA interference. Antiviral Res 80(2):158–167.

Kingston RL, Baase WA, Gay LS(2004) Characterization of nucleocapsid binding by the measles virus and mumps virus phosphoproteins. J Virol 78(16):8 630–8 640.

Kolakofsky D, Pelet T, Garcin D, Hausmann S, Curran J, Roux L(1998) Paramyxovirus RNA synthesis and the requirement for hexamer genome length: the rule of six revisited. J Virol 72(2):891–899.

Kozak M(1986) Regulation of protein synthesis in virus-infected animal cells. Adv Virus Res 31:229–292.

Laine D, Trescol-Biemont MC, Longhi S, Libeau G, Marie JC, Vidalain PO, Azocar O, Diallo A, Canard B, Rabourdin-Combe C, Valentin H(2003) Measles virus(MV) nucleoprotein binds to a novel cell surface receptor distinct from FcgammaRII via its C-terminal domain: role in MV-induced immunosuppression. J Virol 77(21):11 332–11 346.

Lamb A, Kolakofsky D(2001) Paramyxoviridae: the viruses and their replication. Fields virology, 4th edn. Lippincott Williams and Wilkins, Philadelphia.

Langedijk JP, Daus FJ, van Oirschot JT(1997) Sequence and structure alignment of Paramyxoviridae attachment proteins and discovery of enzymatic activity for a morbillivirus hemagglutinin. J Virol 71(8):6 155–6 167.

Liston P, DiFlumeri C, Briedis DJ(1995) Protein interactions entered into by the measles virus P, V, and C proteins. Virus Res 38(2–3):241–259.

Mahapatra M, Parida S, Egziabher BG, Diallo A, Barrett T(2003) Sequence analysis of the phosphoprotein gene of peste des petits ruminants(PPR) virus: editing of the gene transcript. Virus Res 96(1–2):85–98.

Malur AG, Choudhary SK, De BP, Banerjee AK(2002) Role of a highly conserved NH(2)-terminal domain of the human parainfluenza virus type 3 RNA polymerase. J Virol 76(16):8 101–8 109.

Meyer G, Diallo A(1995) The nucleotide sequence of the fusion protein gene of the peste des petits ruminants virus: the long untranslated region in the 50'-end of the F-protein gene of morbilliviruses seems to be specific to each virus. Virus Res 37(1):23–35.

Mioulet V, Barrett T, Baron MD(2001) Scanning mutagenesis identifies critical residues in the rinderpest virus genome promoter. J Gen Virol 82(Pt 12):2 905–2 911.

Moll M, Klenk HD, Maisner A(2002) Importance of the cytoplasmic tails of the measles virus glycoproteins for fusogenic activity and the generation of recombinant measles viruses. J Virol 76(14):7 174–7 186.

Murphy SK, Parks GD(1999) RNA replication for the paramyxovirus simian virus 5 requires an internal repeated(CGNNNN) sequence motif. J Virol 73(1):805–809.

Muthuchelvan D, Sanyal A, Singh RP, Hemadri D, Sen A, Sreenivasa BP, Singh RK, Bandyopadhyay SK(2005) Comparative sequence analysis of the large polymerase protein(L) gene of peste-des-petits ruminants(PPR) vaccine virus of Indian origin. Arch Virol 150(12):2 467–2 481.

Muthuchelvan D, Sanyal A, Sreenivasa BP, Saravanan P, Dhar P, Singh RP, Singh RK, Bandyopadhyay SK(2006) Analysis of the matrix protein gene sequence of the Asian lineage of peste-des-petits ruminants vaccine virus. Vet Microbiol 113(1–2):83–87.

Norrby E, Sheshberadaran H, McCullough KC, Carpenter WC, Orvell C(1985) Is rinderpest virus the archevirus of the Morbillivirus genus? Intervirology 23(4):228–232.

Ohno S, Seki F, Ono N, Yanagi Y(2003) Histidine at position 61 and its adjacent amino acid residues are critical for the ability of SLAM(CD150) to act as a cellular receptor for measles virus. J Gen Vir 84(Pt 9):2 381–2 388.

Patterson JB, Thomas D, Lewicki H, Billeter MA, Oldstone MB(2000) V and C proteins of measles virus function as virulence factors in vivo. Virology 267(1):80–89.

Pawar RM, Raj GD, Kumar TM, Raja A, Balachandran C(2008) Effect of siRNA mediated suppression of signaling lymphocyte activation molecule on replication of peste des petits ruminants virus in vitro. Virus Res 136(1–2):118–123.

Plemper RK, Hammond AL, Cattaneo R(2001) Measles virus envelope glycoproteins heterooligomerize in the endoplasmic reticulum. J Biol Chem 276(47):44 239–44 246.

Poch O, Blumberg BM, Bougueleret L, Tordo N(1990) Sequence comparison of five polymerases(L proteins) of unsegmented negative-strand RNA viruses: theoretical assignment of functional domains. J Gen Virol 71(Pt 5):1 153–1 162.

Rahaman A, Srinivasan N, Shamala N, Shaila MS(2003) The fusion core complex of the peste des petits ruminants virus is a six-helix bundle assembly. Biochemistry 42(4):922–931.

Rahaman A, Srinivasan N, Shamala N, Shaila MS(2004) Phosphoprotein of the rinderpest virus forms a tetramer through a coiled coil region important for biological function. A structural insight. J Biol Chem 279(22):23 606–23 614.

Renukaradhya GJ, Sinnathamby G, Seth S, Rajasekhar M, Shaila MS(2002) Mapping of B-cell epitopic sites and delineation of functional domains on the hemagglutinin-neuraminidase protein of peste des petits ruminants virus. Virus Res 90(1–2):171–185.

Riedl P, Moll M, Klenk HD, Maisner A(2002) Measles virus matrix protein is not cotransported with the viral glycoproteins but requires virus infection for efficient surface targeting. Virus Res 83(1–2):1–12.

Sato H, Masuda M, Miura R, Yoneda M, Kai C(2006) Morbillivirus nucleoprotein possesses a novel nuclear localization signal and a CRM1-independent nuclear export signal. Virology 352(1):121–130.

Servan de Almeida R, Keita D, Libeau G, Albina E(2007) Control of ruminant morbillivirus replication by small interfering RNA. J Gen Virol 88(Pt 8):2 307–2 311.

Seth S, Shaila MS(2001) The hemagglutinin-neuraminidase protein of peste des petits ruminants virus is biologically active when transiently expressed in mammalian cells.

Virus Res 75(2):169–177.

Shiell BJ, Gardner DR, Crameri G, Eaton BT, Michalski WP(2003) Sites of phosphorylation of P and V proteins from Hendra and Nipah viruses: newly emerged members of Paramyxoviridae. Virus Res 92(1):55–65.

Sweetman DA, Miskin J, Baron MD(2001) Rinderpest virus C and V proteins interact with the major(L) component of the viral polymerase. Virology 281(2):193–204.

Takeda M, Ohno S, Seki F, Nakatsu Y, Tahara M, Yanagi Y(2005) Long untranslated regions of the measles virus M and F genes control virus replication and cytopathogenicity. J Virol 79(22):14 346–14 354.

Tatsuo H, Okuma K, Tanaka K, Ono N, Minagawa H, Takade A, Matsuura Y, Yanagi Y(2000) Virus entry is a major determinant of cell tropism of Edmonston and wild-type strains of measles virus as revealed by vesicular stomatitis virus pseudotypes bearing their envelope proteins. J Virol 74(9):4 139–4 145.

Tober C, Seufert M, Schneider H, Billeter MA, Johnston IC, Niewiesk S, ter Meulen V, Schneider-Schaulies S(1998) Expression of measles virus V protein is associated with pathogenicity and control of viral RNA synthesis. J Virol 72(10):8 124–8 132.

Varsanyi TM, Utter G, Norrby E(1984) Purification, morphology and antigenic characterization of measles virus envelope components. J Gen Virol 65(Pt 2):355–366.

Vongpunsawad S, Oezgun N, Braun W, Cattaneo R(2004) Selectively receptor-blind measles viruses: Identification of residues necessary for SLAM- or CD46-induced fusion and their localization on a new hemagglutinin structural model. J Virol 78(1):302–313.

Watanabe M, Hirano A, Stenglein S, Nelson J, Thomas G, Wong TC(1995) Engineered serine protease inhibitor prevents furin-catalyzed activation of the fusion glycoprotein and production of infectious measles virus. J Virol 69(5):3 206–3 210.

Woo PC, Lau SK, Wong BH, Fan RY, Wong AY, Zhang AJ, Wu Y, Choi GK, Li KS, Hui J, Wang M, Zheng BJ, Chan KH, Yuen KY(2012) Feline morbillivirus, a previously undescribed paramyxovirus associated with tubulointerstitial nephritis in domestic cats. Proc Nat Acad Sci U S A 109(14):5 435–5 440.

Yoneda M, Bandyopadhyay SK, Shiotani M, Fujita K, Nuntaprasert A, Miura R, Baron MD, Barrett T, Kai C(2002) Rinderpest virus H protein: role in determining host range in rabbits. J Gen Virol 83(Pt 6):1 457–1 463.

Yoneda M, Miura R, Barrett T, Tsukiyama-Kohara K, Kai C(2004) Rinderpest virus phosphoprotein gene is a major determinant of species-specific pathogenicity. J Virol 78(12):6 676–6 681.

Zhang X, Glendening C, Linke H, Parks CL, Brooks C, Udem SA, Oglesbee M(2002) Identification and characterization of a regulatory domain on the carboxyl terminus of the measles virus nucleocapsid protein. J Virol 76(17):8 737–8 746.

2

小反刍兽疫病毒复制和毒力决定因素

摘要：病原体通过与受体发生结合来启动其和宿主间相互作用的第一步，此过程在小反刍兽疫病毒（PPRV）是由血细胞凝集－神经氨酸酶蛋白（HN）和宿主细胞膜上的唾液酸介导来完成的。通过 siRNA 调控研究确定，信号淋巴细胞激活分子（SLAM）是小反刍兽疫病毒的一个推定共受体。所有的副黏病毒，在延伸核苷酸之前病毒核衣壳开放阅读框被解读，RNA 依赖的 RNA 聚合酶（RdRp）与基因组启动子结合，并在病毒其他蛋白，如基质蛋白（M）、核衣壳蛋白（N）和磷蛋白（P）共同参与下以“终止—起始”的方式启动转录。病毒出芽是通过神经氨酸酶的活化发生，活化过程中从糖蛋白的碳水化合物部分解离出唾液酸残基。小反刍兽疫病毒复制中的一些步骤尚未完全确定，在麻疹病毒属中，仅小反刍兽疫病毒 HN 蛋白同时具有血凝素和神经氨酸酶功能，HN 蛋白替代了 H 蛋白的功能。病毒的传播和致病性与宿主的免疫反应、寄生虫感染、营养水平及动物的年龄有关。本章重点介绍小反刍兽疫病毒复制、传播及影响病毒增殖的宿主和非宿主因素的最新研究。

关键词：病毒生活周期；复制；毒力；发病机制；宿主；决定因素

2.1 引言

病原体通过与受体发生结合来启动其和宿主间相互作用的第一步。PPRV 通过血凝素－神经氨酸酶（HN）蛋白和唾液酸受体与宿主细胞膜发生相互作用。不过，小反刍兽疫病毒极可能还有其他受体。尽管对小反刍兽疫病毒生命周期的研究有重大突破，但对小反刍兽疫病毒复制和传播的过程还没有完全阐明。这些发现为更深入的研究奠定了基础，并且为麻疹病毒属中其他病毒的研究提供了可靠的参照。作为一种更有价值的工具，反向遗传操作系统将被用于确定病毒生命周期的研究，并将用来探究在病毒复制和毒力方面宿主和非宿主因子所起的作用。本章概述了 PPRV 复制、传播和毒力，并侧重于最近的研究，这些研究拓展了 PPRV 分子生物学方面的知识，而且为最终控制疫病奠定了基础。

2.2 病毒复制和生命周期

在病毒复制中最初且最重要的一步是病毒与宿主受体的相互作用。小反刍兽疫病毒通过 HN 蛋白与宿主细胞膜唾液酸相互作用（连接于 α 2 - 3 结合处）。研究表明，小反刍兽疫病毒可以使猪和鸡红细胞发生凝集反应（Renukaradhya et al. 2002）。小干扰 RNA（siRNA）调控研究确定，信号淋巴细胞激活分子（SLAM）是小反刍兽疫病毒的一个推定共受体（Pawar et al. 2008）。现已证实，SLAM 受体的抑制导致小反刍兽疫病毒滴度下降 $\log_{10}$ 1.09~2.28 倍（彩图 2.1）。此外，表达绵羊和山羊 SLAM 的猴子 CV1 细胞对小反刍兽疫病毒的生长表现出高敏感性，是从病理样本中增殖病毒的一种可靠细胞（Adombi et al. 2011）。这与麻疹病毒属中其他成员在此类细胞中的生长特性是相同的，如 MV、CDV 和 RPV。病毒与宿主相互作用后，紧接着 F 蛋白介导发生融合，进而使病毒粒子从病毒包膜中释放出来（彩图 2.2）。然后，大蛋白（L）则作为一种 RdRp 发挥作用，启动细胞质信使 RNA（mRNAs）的转录。在所有副黏病毒科中，RdRp 结合基因组启动子是核衣壳开放阅读框前核苷酸的一种延伸，并以“终止—起始”的方式启动转录。在通过每个基因连接时就会发生一系列的转录衰减，因此在病毒复制中自然就需要一定的蛋白量。位于 N 末端的 N 蛋白 mRNA 在转录时是最丰富的，对 N 蛋白的需求量也是最大的；相反，由于远离基因组启动子，L 蛋白 mRNA 转录量最少，所以仅需要少量的 L 蛋白。现已建立了一种针对 MV 的定量估算技术，如果将 N 蛋白的含量定为 100%，那么 P、M、F 和 H 蛋白的含量分别为 81%、67%、49% 和 39%（Horikami and Moyer 1995）。由于负链 RNA 基因组存在错误转录的事实，所以在转录产生单顺反子和多顺反子 mRNA 时，无法估算 PPRV 单个基因的转录效能。作为典型的负链 RNA 病毒，RNA 的产生需要在 5′ 端加帽和 3′ 端加多聚腺苷酸化才能在宿主核糖体中有效地翻译。这些机制在麻疹病毒属中还未得到全面论述。

在感染过程中，对于转录到复制的切换以及产生被 N 蛋白包裹着的全长反基因组 RNA 的机制尚不清楚（Gubbay et al. 2001）。尽管 RdRp 由转录酶到复制酶的功能转换是复杂的，但 Kolakofsky 等在 2004 年就已经提出同科成员——仙台病毒中存在一种截然不同形式的 RdRp（Kolakofsky et al. 2004）。一种形式的 RdRp 是转录所必需的，而另外一种则作为复制酶作用存在。在激活 RdRp 过程中，其他病毒蛋白（M，N 和 P 蛋白）的作用中也不容忽视。在麻疹病毒装配和出芽中，M 蛋白具有调控 RbRp 的功能，但是这种调控并不是依赖于 M 蛋白的作用（Suryanarayana et al. 1994; Barrett et al. 2006）。在麻疹病毒属的其他病毒中，除在装配和出芽过程中的作用外，M 蛋白的其他作用还有待研究。病毒出芽通过神经氨酸酶活性发生，后者从糖蛋白的碳水化合物中分解出唾液酸残基（Scheid and Choppin 1974）。在麻疹病毒属中，小反刍兽疫病毒的独特之处在于 H 蛋白同时具有血凝素和神经氨酸酶的功能（Seth and Shaila 2001），因此，HN 蛋白比 H 蛋白更能体现出小反刍兽疫病毒的独特性。

P、V 和 C 蛋白的相对水平也以相同方式被调控的可能性最大。基因编辑过程能明确地调控 P 蛋白和 V 蛋白的相对水平。基于这些蛋白在麻疹病毒属其他病毒中的功能，推测在感染的不同阶段这些蛋白质的表达水平不同，并通过下调宿主免疫在促进病毒复制方面起到至关重要的作用。但是，PPRV 这些蛋白的此类功能还需要进一步的证实。

2.3 病毒的增殖和传播

2.3.1 非宿主因素

感染小反刍兽疫病毒的动物与非感染动物的亲密接触可引起小反刍兽疫的传播和流行，传播通常发生在同一个牧场中。从发烧症状出现大约 10 天后，患病动物可以从呼出的气体、分泌物和排泄物（从嘴、眼睛和鼻子，或是粪便、精液和尿液）中排毒。感染动物通过打喷嚏和咳嗽可以直接传播疫病，两个邻近（相距 10m 以内）的动物可以通过吸入飞沫中的病毒颗粒相互传播。

由于小反刍兽疫病毒在外部干燥的环境中会快速失活，所以，其基本不能通过无生命体（媒介）进行远距离传播。而通过摄取和结膜渗透的方式极易造成小反刍兽疫的传播，诸如动物舔舐垫料、饲料和水槽的行为。母畜可以通过哺乳传播疫病。尚无小反刍兽疫病毒在母乳中残留的报道，牛瘟病毒则存在于从出现症状 1~2 天到完全康复后 45 天的母乳中。感染牛瘟康复动物具有较强的免疫力。小反刍兽疫没有慢性期和恢复期带毒状态，其传染最有可能发生在亚临床感染中的潜伏期。关于小反刍兽疫隐性带毒动物是否能够直接排毒的研究一直备受关注。以往研究发现牛瘟病毒可以从带毒动物中直接排出，Couacy-Hymann 等（2007）通过感染试验确定被攻毒的动物在出现临床表现之前也可以传播小反刍兽疫病毒（Couacy-Hymann et al. 2007）。Ezeibe 等（2008）研究了在动物恢复后期的排毒情况，他们研究证明被小反刍兽疫病毒感染的山羊在完全恢复后的 11 个周内，仍然可以从粪便中检测到病毒凝集素抗原（Ezeibe et al. 2008）。对于小反刍兽疫病毒在外部环境的特性，至今报道很少。但因为其和牛瘟病毒具有很多共同的特性，所以，很多特性均可以参照牛瘟病毒进行研究。尽管污染物传播小反刍兽疫病毒是不可避免的，但也要满足一定的条件，因为病毒在干燥环境里（空气相对湿度在 70% 以下）的生命周期较短，并且对酸碱度也有一定的要求，pH ＜ 5.6 或 pH ＞ 9.6 就会失活。由于半衰期短暂，该病毒在宿主体外的存活时间较短，病毒的半衰期为：56℃，2.2 分钟；37℃，3.3 小时（Rossiter and Taylor 1994）。

2.3.2 宿主因素

PPRV 的易感动物有牛、猪、水牛和野生反刍动物，野生反刍动物中白尾鹿最易感，并且在小反刍兽疫流行中起到重要作用。目前，对 PPRV 在野生有蹄兽类动物中的易感性，发病和严重程度方面的了解甚少。最近的研究报道了野生动物在小反刍兽疫传播过程中所起的作用。在这项研究中，Kinne 等人（2010）对生长在阿拉伯联合酋长国（UAE）的野生小反刍动物进行了研究，并从不同的动物中分离到了病毒（Kinne et al. 2010）。N 蛋白基因测序分析发现该病毒属于 IV 系列，与阿拉伯半岛分离出的病毒有所不同（Kinne et al. 2010）。进一步分析表明，这些分离株病毒与中国分离株关系密切，而非预想的沙特阿拉伯分离株。该地区的这株小反刍兽疫病毒起源还没有定论，但是作为小反刍兽的一个可能的威胁，应当给予足够的重视。

目前，对病毒在宿主细胞中繁殖和扩散的机制尚未完全认识。只有很少的研究论证了病毒繁殖过程的顺序及其在宿主细胞中最可能的传播路径（Scott 1981; Gulyaz and Ozkul 2005）。与麻疹病毒属中的其他病毒相同，小反刍兽疫病毒也具有嗜淋巴细胞和嗜上皮细胞的双重特性，因此病理学损伤最有可能出现在淋巴细胞和上皮组织丰富的器官（Scott 1981）。小反刍兽疫病毒通过呼吸系统入侵到宿主组织中，后聚集在局部淋巴组织（咽淋巴和下颌淋巴）和扁桃体，从而导致淋巴球减少症。发热阶段可能出现在感染的第 5 天并且可能持续到恢复期的第 16 天。病毒血症导致了病毒扩散到全身的淋巴结、骨髓、脾脏、呼吸道及消化道的黏膜组织。在病毒感染的第 9 天就可以从鼻液中分离出病毒。紧接着，小反刍兽疫病毒开始在胃肠道内增殖，这导致了口腔炎症和腹泻的症状。大肠黏膜的刮取物和肠系膜淋巴结的抽取物都可以用来检测这一时期的病毒。在一项试验研究中，可能是由于特异性中和抗体的存在，与病毒形成了复合物，导致未能从感染动物的血液中成功分离到病毒。从感染动物血液浸渍的滤纸中直接扩增出小反刍兽疫病毒核酸（Munir et al. 2012），表明了病毒 RNA 的稳定性，并且其能存在于血液中。许多研究报道了在口腔破损处检测到病毒（Brindha et al. 2001; Gulyaz and Ozkul 2005）。Al-Naeem 和 Abu-Elzein 证明，感染动物口腔周围丘疹中存在病毒抗原，表明了 PPRV 病毒复制的好发部位和嗜性，如同麻疹病造成人皮肤病变一样（Al-Naeem and Abu-Elzein 2008）。尽管这有助于了解该病的致病机理，但是仍需要更进一步的研究来确定此类病变不是由其他混合感染所引起的。Bundza 等（1988）首次报道了病毒粒子从肠上皮微绒毛细胞的释放以及从粪便里的排毒（Bundza et al. 1988）。

有学者证明在肾脏的血管皮层细胞、近端小管以及肾盂的上皮细胞中出现了小反刍兽疫病毒特异性抗原。病毒从血液中汇集到肾脏，随后分泌到尿液中，这说明了肾小球有过滤病毒的作用（Kul et al. 2007）。麻疹病毒属的其他病毒，例如，对犬瘟热病毒在泌尿系统的探究是比较完善的（Kennedy et al. 1989）。麻疹病毒属中的所有病毒都具有神经毒性，并且严重程度因宿主的免疫力、受体特异性（例如 CD46 受体）和在神经系统中感染的范围而异（Cosby et al. 2002; Kennedy et al. 1989; Yarim and Kabakci 2003）。尽管对 PPRV 和 RPV 的这些特性的研究还不够完善，但由 Galbraith 等人主持的一项研究表明将牛瘟病毒（Saudi/81 株）和小反刍兽疫病毒（Nigeria 75/1 株）试验性的接种到小鼠体内会产生神经毒性（Galbraith et al. 2002）。研究也发现小反刍兽疫病毒自然感染的4月龄羔羊的室管膜细胞和脑膜巨噬细胞中存在病毒抗原（Kul et al. 2007）。小反刍兽疫病毒的这个特性需要进一步的确定，因为只有1/21的动物中才出现了这种表现，但是至少可以看出小反刍兽疫病毒具有到达脑脊液里的能力。

2.4 致病机制的决定因素

确定小反刍兽疫致病机制的决定因素需要对感染的动物进行预先处理，这对研究该病的流行病学并对其进行有效控制是非常重要的。一些研究探索了诸如年龄、性别、品种和季节因素对该病的影响（Amjad et al. 1996;Brindha et al. 2001; Dhar et al. 2002; Munir et al. 2009）。对大量物种进行抗体检测表明绵羊中抗小反刍兽疫病毒N蛋白抗体水平要明显高于山羊中的。从临床症状来看，山羊明显比绵羊易感。这说明了为什么该病毒对山羊的亲和力要比绵羊的强。Wosu（1994）已经发现山羊的康复率要比绵羊的低（Wosu 1994）。对巴基斯坦国有养殖场的研究发现，抗体水平在山羊和绵羊中相一致（Munir et al. 2009）。病毒致病机制的决定因素需要在分子水平上进行研究。

绵羊和山羊的致病性差异可能与病毒亲和力的不同无关，而与绵羊较强的康复率有关。在热带地区，山羊的产羔率比绵羊多，因此，山羊占了很大比例。新生羔羊由于母源抗体水平的下降而在4月龄后容易被病毒感染（Srinivas and Gopal 1996; Ahmed et al. 2005）。Waret-Szkuta等（2008）在埃塞俄比亚进行了一项血清学的研究，报道了年龄是造成小反刍兽疫血清阳性的主要原因（Waret-Szkuta et al. 2008）。Bodjo等（2006）建议在羔羊出生后75~90天进行免疫（Bodjo et al. 2006）。山羊的高易感性可能是小反刍兽疫病毒在山羊群造成严重后果的原因。即使附近没有受影响的绵羊存在，小反刍兽疫病毒也可能在山羊之间传播（Animal-Health 2009）。而山羊与绵羊的混合饲养被认为是造成绵羊群血清阳性的主要原因（Al-Majali et al. 2008）。幼龄山羊的致死率要高于成年山羊的案例也有报道（Shankar et al. 1998; Atta-ur-Rahman et al. 2004）。由于公羊被早期出售以及保留母羊维持畜群，所以很难解释抗体水平的性别偏向分布。

在亚热带地区，据报道该病多在冬季和雨季发生（Amjad et al. 1996;

Brindha et al. 2001;Dhar et al. 2002）。由于热带地区的国家在雨季限制或是禁止动物的活动，这可能影响了动物的营养状况，因此，极易感染小反刍兽疫病毒。一些研究报道了小反刍兽疫主要在寒冷和干燥天气里大暴发（Obi et al. 1983; Durojaiye et al. 1983; Opasina 1980），而其他学者报道了其在雨季之后将很快暴发（Bourdin 1980）。这种差异可以用各地区饲养动物的条件和养殖户的社会经济地位不同来解释。

2.5　结论

了解病毒的复制及其影响因素可以为制定该病的防控措施打下基础。考虑到小反刍兽疫病毒是继扑灭牛瘟病毒之后合适的根除物种，因此，我们急需研究其致病机制，深入了解病毒和宿主之间的相互作用。就我们目前对病毒生命周期的认识来看，宿主和环境因素是造成病毒传播和繁殖的主要原因。然而，病毒在特殊易感宿主如野生动物和骆驼上的生活周期尚不清楚，而对这方面的调查研究可以有效地帮助我们来规划牧场，并为了解野生动物和骆驼在小反刍兽疫病毒的流行病学中所起到的作用奠定基础。

（窦永喜，蒙学莲，朱学亮　译；蒙学莲，张向乐　校）

参考文献

Adombi CM, Lelenta M, Lamien CE, Shamaki D, Koffi YM, Traore A, Silber R, Couacy-Hymann E, Bodjo SC, Djaman JA, Luckins AG, Diallo A(2011) Monkey CV1 cell line expressing the sheep-goat SLAM protein: a highly sensitive cell line for the isolation of peste des petits ruminants virus from pathological specimens. J Virol Methods 173(2):306–313.

Ahmed K, Jamal SM, Ali Q, Hussain M(2005) An outbreak of peste des petits ruminants in goat flock in Okara, Pakistan. Pak Vet J 25:146–148.

Al-Majali AM, Hussain NO, Amarin NM, Majok AA(2008) Seroprevalence of, and risk factors for, peste des petits ruminants in sheep and goats in Northern Jordan. Prev Vet

Med 85(1–2):1–8.

Al-Naeem A, Abu-Elzein EM(2008) In situ detection of PPR virus antigen in skin papules around the mouth of sheep experimentally infected with PPR virus. Trop Anim Health Prod 40(4):239–241.

Amjad H, Qamarul I, Forsyth M, Barrett T, Rossiter PB(1996) Peste des petits ruminants in goats in Pakistan. Vet Rec 139(5):118–119.

Animal-Health A(2009) Disease strategy: peste des petits ruminants(Version 3.0). Australian veterinary emergency plan(AUSVETPLAN), 3th edn. Primary Industries Ministerial Council, Canberra, ACT.

Atta-ur-Rahman, Ashfaque M, Rahman SU, Akhtar M, Ullah S(2004) Peste des petits ruminants antigen in mesenteric lymph nodes of goats slaughtered at D.I. Khan. Pak Vet J 24(3):159–160.

Barrett T, Ashley CB, Diallo A(eds)(2006) Molecular biology of the morbilliviruses. In: Rinderpest and peste des petits ruminants virus plagues of large and small ruminants, 2nd edn. Elsevier, Academic Press, London.

Bodjo SC, Couacy-Hymann E, Koffi MY, Danho T(2006) Assessment of the duration of maternal antibodies specific to the homologous peste des petits ruminant vaccine "Nigeria 75/1" in Djallonké lambs. Biokemistri 18(2):99–103.

Bourdin P(1980) History, epidemiology and economic significance of PPR in West Africa and Nigeria in particular. In: Hill DH(ed) Peste des petite ruminants(PPR) in sheep and goats. In: Proceedings of the international workshop held at IITA Ibadan, Nigeria, 24–26, ILCA(International Livestock Centre for Africa), Addis Ababa, Ethiopia, pp 10–11.

Brindha K, Raj GD, Ganesan PI, Thiagarajan V, Nainar AM, Nachimuthu K(2001) Comparison of virus isolation and polymerase chain reaction for diagnosis of peste des petits ruminants. Acta Virol 45(3):169–172.

Bundza A, Afshar A, Dukes TW, Myers DJ, Dulac GC, Becker SA(1988) Experimental peste des petits ruminants(goat plague) in goats and sheep. Can J Vet Res(Revue canadienne de recherche veterinaire) 52(1):46–52.

Cosby SL, Duprex WP, Hamill LA, Ludlow M, McQuaid S(2002) Approaches in the understanding of morbillivirus neurovirulence. J Neurovirol 8(Suppl 2):85–90.

Couacy-Hymann E, Bodjo SC, Danho T, Koffi MY, Libeau G, Diallo A(2007) Early detection of viral excretion from experimentally infected goats with peste-des-petits ruminants virus. Prev Vet Med 78(1):85–88.

Dhar P, Sreenivasa BP, Barrett T, Corteyn M, Singh RP, Bandyopadhyay SK(2002) Recent epidemiology of peste des petits ruminants virus(PPRV). Vet Microbiol 88(2):153–159.

Ezeibe MC, Okoroafor ON, Ngene AA, Eze JI, Eze IC, Ugonabo JA(2008) Persistent detection of peste de petits ruminants antigen in the faeces of recovered goats. Trop Anim Health Prod 40(7):517–519.

Galbraith SE, McQuaid S, Hamill L, Pullen L, Barrett T, Cosby SL(2002) Rinderpest and peste des petits ruminants viruses exhibit neurovirulence in mice. J Neurovirol 8(1):45–52.

Gubbay O, Curran J, Kolakofsky D(2001) Sendai virus genome synthesis and assembly are coupled: a possible mechanism to promote viral RNA polymerase processivity. J Gen Virol 82(Pt 12):2 895–2 903.

Gulyaz V, Ozkul A(2005) Pathogenicity of a local peste des petits ruminants virus isolate in sheep in Turkey. Trop Anim Health Prod 37(7):541–547.

Horikami SM, Moyer SA(1995) Structure, transcription, and replication of measles virus. Curr Top Microbiol Immunol 191:35–50.

Kennedy S, Smyth JA, Cush PF, Duignan P, Platten M, McCullough SJ, Allan GM(1989) Histopathologic and immunocytochemical studies of distemper in seals. Vet Pathol 26(2):97–103.

Kinne J, Kreutzer R, Kreutzer M, Wernery U, Wohlsein P(2010) Peste des petits ruminants in Arabian wildlife. Epidemiol Infect 138(8):1 211–1 214.

Kolakofsky D, Le Mercier P, Iseni F, Garcin D(2004) Viral DNA polymerase scanning and the gymnastics of Sendai virus RNA synthesis. Virology 318(2):463–473.

Kul O, Kabakci N, Atmaca HT, Ozkul A(2007) Natural peste des petits ruminants virus infection: novel pathologic findings resembling other morbillivirus infections. Vet Pathol 44(4):479–486.

Munir M, Siddique M, Ali Q(2009) Comparative efficacy of standard AGID and precipitinogen inhibition test with monoclonal antibodies based competitive ELISA for the serology of peste des petits ruminants in sheep and goats. Trop Anim Health Prod 41(3):413–420.

Munir M, Zohari S, Suluku R, Leblanc N, Kanu S, Sankoh FA, Berg M, Barrie ML, Stahl K(2012) Genetic characterization of peste des petits ruminants virus, sierra leone. Emerg Infect Dis 18(1):193–195.

Obi TU, Ojo MO, Durojaiye OA, Kasali OB, Akpavie S, Opasina DB(1983) Peste des petits ruminants(PPR) in goats in Nigeria: clinical, microbiological and pathological features. Zentralblatt fur Veterinarmedizin Reihe B J Vet Med 30(10):751–761.

Opasina BA(1980) Epidemiology of PPR in the humid forest and the derived savanna zones. In: Hill DH(ed) Peste des petite ruminants(PPR) in sheep and goats. In: Proceedings of the international workshop held at IITA Ibadan, Nigeria.

Pawar RM, Raj GD, Kumar TM, Raja A, Balachandran C(2008) Effect of siRNA mediated suppression of signaling lymphocyte activation molecule on replication of peste des petits ruminants virus in vitro. Virus Res 136(1–2):118–123.

Renukaradhya GJ, Sinnathamby G, Seth S, Rajasekhar M, Shaila MS(2002) Mapping of B-cell epitopic sites and delineation of functional domains on the hemagglutinin-neuraminidase protein of peste des petits ruminants virus. Virus Res 90(1–2):171–185.

Rossiter PB, Taylor WP(1994) Peste des petits ruminants. In: Coezter JAW(ed) infectious diseases of livestock, vol II. Oxford University Press, Cape Town.

Scheid A, Choppin PW(1974) Identification of biological activities of paramyxovirus glycoproteins. Activation of cell fusion, hemolysis, and infectivity of proteolytic cleavage of an inactive precursor protein of Sendai virus. Virology 57(2):475–490.

Scott GR(1981) Rinderpest and peste des petits ruminants. In: Gibbs EPJ(ed)Virus diseases of food animals, vol II. Academic Press, London.

Seth S, Shaila MS(2001) The hemagglutinin-neuraminidase protein of peste des petits ruminants virus is biologically active when transiently expressed in mammalian cells. Virus Res 75(2):169–177.

Shankar H, Gupta VK, Singh N(1998) Occurrence of peste des petits ruminants like diseases in small ruminants in Uttar Pradesh. Indian J Anim Sci 68(1):38–40.

Srinivas RP, Gopal T(1996) Peste des petits ruminants(PPR): a new menace to sheep and goats. Livest Advis 21(1):22–26.

Suryanarayana K, Baczko K, ter Meulen V, Wagner RR(1994) Transcription inhibition and other properties of matrix proteins expressed by M genes cloned from measles viruses and diseased human brain tissue. J Virol 68(3):1 532–1 543.

Waret-Szkuta A, Roger F, Chavernac D, Yigezu L, Libeau G, Pfeiffer DU, Guitian J(2008) Peste des petits ruminants(PPR) in Ethiopia: analysis of a national serological survey. BMC Vet Res 4:34.

Wosu LO(1994) Current status of peste des petits ruminants(PPR) disease in small ruminants. A review article. Stud Res Vet Med 2:83–90.

Yarim M, Kabakci N(2003) The comparison of histo-pathological and immunohistochemical findings in natural canine distemper virus infection. Folia Veterinaria 47(2):86–90.

3

小反刍兽疫病理生理学及临床诊断

摘要： 小反刍兽疫（PPR）是一种能感染野生和家养偶蹄类小型反刍动物的传染性病毒病，临床以发热、肺炎、腹泻以及呼吸和消化系统的黏膜炎症等为特征症状。根据诱发因素和病毒毒力的不同，PPR 病程可分为超急性型、急性型、亚急性型和亚临床型四种类型，不过通常 PPR 多表现为急性型。PPR 的发病始于病毒在局部淋巴结增殖，进而发展为病毒血症，扩散至周边易感的上皮组织。在这些组织内，病毒能引起明显的病变，导致出现相应的临床症状和病理损伤，其严重程度取决于宿主诱发因素。沿盲肠、结肠和直肠的纵向褶皱，由于严重充血而形成的斑马状条纹，是特征性的诊断标志。尽管出现病毒血症，PPRV 在口腔和肠黏膜引起多核合胞体细胞，其组织学变化更为明显。康复动物对 PPR 具有较强免疫力，不会出现慢性感染或者持续带毒现象。本章涵盖了上述内容，对现有的文献进行了回顾和总结。

关键词： 发病机制；病理生理学；临床疾病；组织病理学；神经毒力

3.1 引言

小反刍兽疫是一种感染野生和家养偶蹄类小型反刍动物的传染病。呼吸道和消化道黏膜是小反刍兽疫病毒的主要易感部位，这从其描述性定义“口炎肺肠炎综合征”就可看出。组织病理学变化也主要出现在这些器官上。多种发病诱因决定了病毒的毒力并对疫病的转归造成不利影响。PPR 在幼龄动物中往往引起极高的致死率。PPRV 的嗜神经性预示其重要性的另一面。本章就 PPR 的临床特征和现场诊断进行综述。

3.2 小反刍兽疫病毒对小反刍动物的致病机制

3.2.1 临床表现

小反刍兽疫是一种感染野生和家养小型偶蹄动物的传染性病毒病，主要临床特征是发热、肺炎、腹泻，以及呼吸道和消化道黏膜炎症。除间质性或化脓性肺炎、口唇周边结痂外，PPR 在临床和病理表现上与牛瘟相似。PPR 主要是一种小型反刍动物疫病，通常认为山羊比绵羊易感，但绵羊体内诱导产生的抗体滴度比山羊的高，因此绵羊康复率也比山羊高。西非山羊感染 PPR 要比欧洲品系山羊的症状要严重得多。这取决于易感动物年龄、品种、健康状况、先天免疫以及病毒毒力的不同，PPR 发病率和致死率可达到 100%。细菌和寄生虫并发感染会进一步加重病情。

大型反刍动物（如牛）对 PPRV 也易感，通常呈亚临床感染，大型反刍动物被认为是 PPRV 的终末宿主且参与 PPR 的流行。牛感染 PPRV 后会产生抗牛瘟病毒（RPV）的交叉体液免疫反应，会阻止牛瘟疫苗弱毒株的复制而弱化疫苗诱导的免疫反应（Dardiri et al. 1997; Anderson and McKay 1994）。除此之外，水牛（Govindarajan et al. 1997）、单峰驼（Roger et al. 2001）、瞪羚（Elzein et al. 2004）、家猪（Nawathe and Taylor 1979）、美洲白尾鹿（Hamdy and Dardiri 1976）感染 PPR 的案例也有少量报道。

根据病毒毒力和诱发因素的不同，PPR 可以分为超急性型、急性型、亚急性型和亚临床型四种类型，但 PPR 通常都以急性型病程出现（Braide 1981; Obi et al. 1983; Kulkarni et al. 1996）。

3.2.1.1 超急性型

超急性型病例多见于无母源抗体且月龄小于 4 个月的幼畜。潜伏期通常不超过 2 天，随后出现持续性高烧，可高达 40~42℃。由于持续高烧，动物进食困难、精神萎靡，同时黏膜充血或破损，鼻分泌物增多导致呼吸困难。在刚发病时出现便秘，紧接着转而出现水样腹泻。通常动物在发热 4~5 天后死亡。

3.2.1.2 急性型

那些在无特征性症状的超急性期幸存的病畜，即转入急性型并出现更具该病特征性的临床症状。病畜发热后出现浆液性眼、鼻分泌物，随着病程的发展，眼、鼻分泌物变成黄色脓性黏稠状，堵塞鼻腔，导致呼吸困难（图 3.1a，b）、打喷嚏、咳嗽，继而烦躁、鼻镜干燥、反应迟钝（图 3.1c）。急性型的潜伏期为 3~4 天，伴有发热。在发热 2~3 天后出现腹泻或者出血性腹泻，随之动物出现脱水，继而消瘦和衰弱（图 3.1d）。眼角内侧结膜充血引起结痂，结膜囊充满淡黄色渗出液，最终导致眼睑完全闭合。继发性细菌感染会进一步加剧这种卡他性炎症。

口腔病变最初为门牙下齿龈出现坏死，如能迅速痊愈则预后良好；否则坏死会迅速覆盖齿垫、硬腭、脸颊内侧、舌背和口唇结合处。病畜通常会由于疼痛而不愿张口进食。此外，类似的病变也会出现在母畜的外阴和阴道内，最终可能会导致怀孕动物的流产（Abubakar et al. 2008）（图 3.1 e，f）。坏死病变呈灰色、有明显的坏死灶，随着坏死灶数量的增加以及坏死灶的扩大，最终形成非出血性的浅表性糜烂。如轻柔刮动病变损伤部位，可刮下由坏死上皮细胞组成的白色恶臭的坏疽物。

病畜出现重症肺炎的临床症状包括嘈杂呼吸音、头颈伸张、鼻孔扩张、舌头伸出和痛性咳嗽，一般预后不良。病畜逐渐脱水、眼球下陷，一般在发热后 10~12 天死亡。死亡率为 70%~80%，幸存病畜通常在数周后才能康复。

实验性感染 PPRV 的山羊和绵羊，会出现食欲不振、高烧、腹泻和死亡（Bundza et al. 1988）（图 3.2）。

3.2.1.3 亚急性型

亚急性感染一般有较长的潜伏期（6 天）。病畜不会出现典型的 PPR 症状，病死率也很低。临床症状类似于传染性脓疱病，患病动物由于黏膜分泌物导致口腔结痂（Diallo 2006）。经过一段时间的持续低烧（39~40℃）后，病畜通常会在 10~14 天康复，康复动物会获得免疫保护，足以防止再次被感染和保护其后代出生后 3 个月以上。

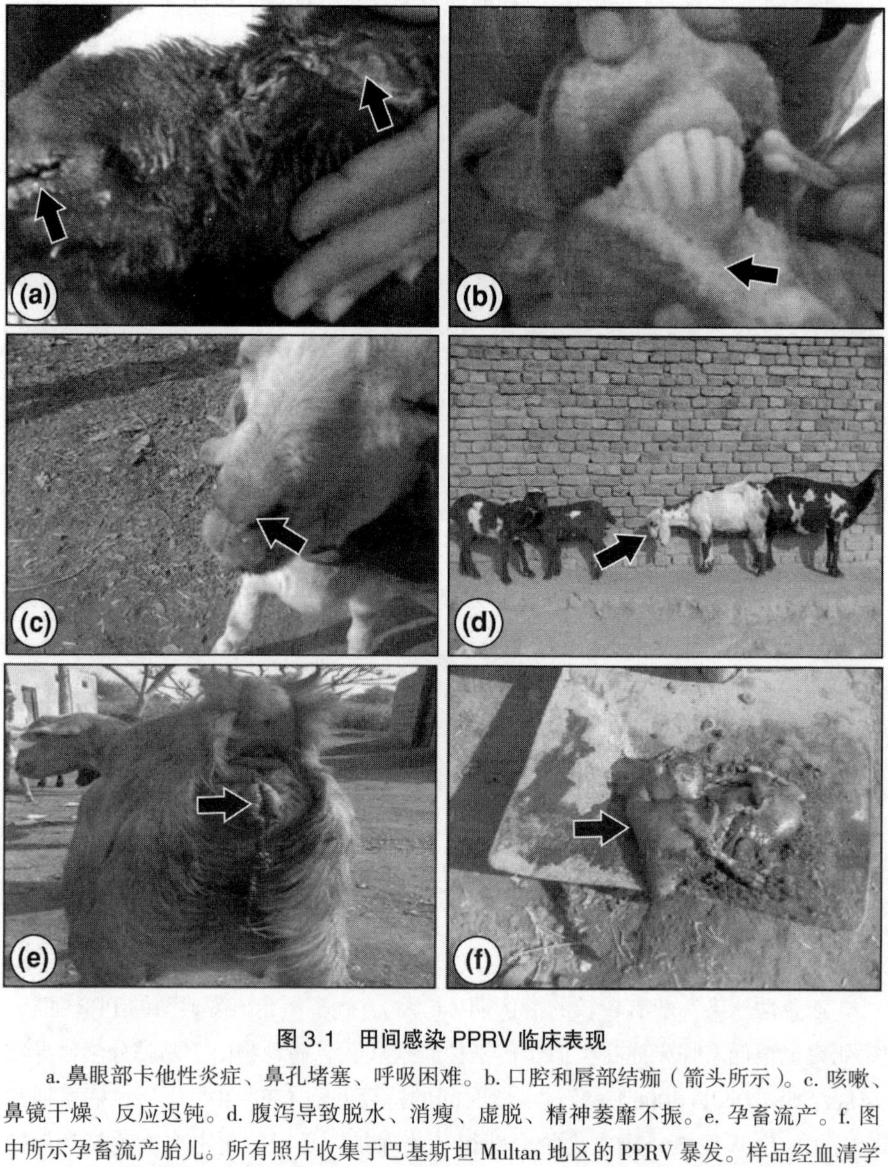

图 3.1　田间感染 PPRV 临床表现

a. 鼻眼部卡他性炎症、鼻孔堵塞、呼吸困难。b. 口腔和唇部结痂（箭头所示）。c. 咳嗽、鼻镜干燥、反应迟钝。d. 腹泻导致脱水、消瘦、虚脱、精神萎靡不振。e. 孕畜流产。f. 图中所示孕畜流产胎儿。所有照片收集于巴基斯坦 Multan 地区的 PPRV 暴发。样品经血清学（cELISA）和分子学方法（实时定量 PCR）被确诊为 PPR。

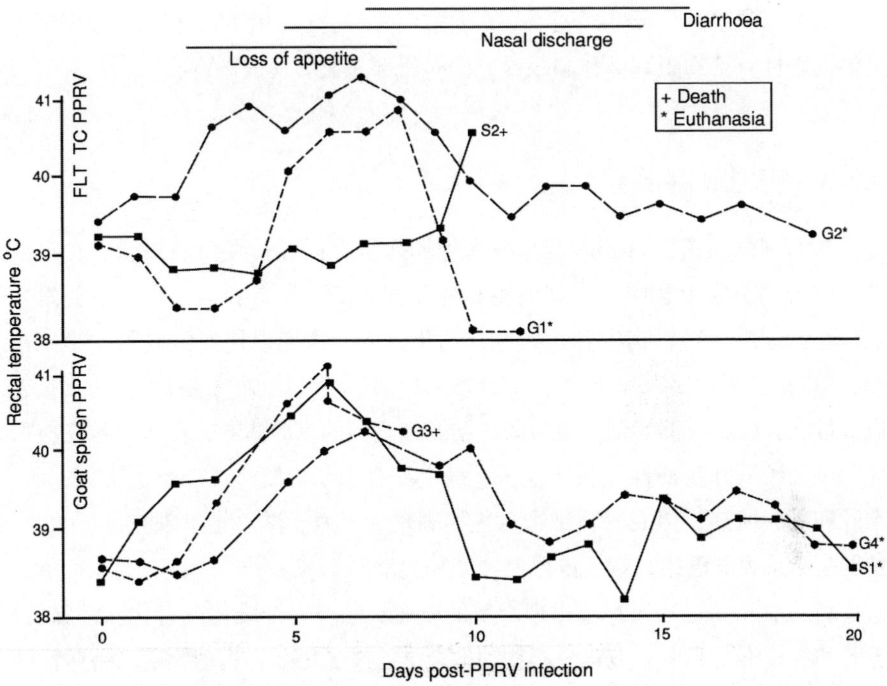

图 3.2 山羊和绵羊实验室感染 PPRV（鼻内感染）的临床评价和肛门体温监测

注：该图改自 Bundza（1988）等。

3.2.1.4 亚临床型

除绵羊和山羊外，大型偶蹄类动物（例如水牛）也会偶尔感染 PPR，通常以亚临床症状型出现。感染后的动物可以检测到 PPRV 抗体。

3.2.2 病理生理学

口腔黏膜、呼吸道和消化道是 PPRV 的主要易感部位，这从其描述性定义“口炎肺肠炎综合征”就可看出。PPR 发病始于局部淋巴结的病毒增殖，进而发展为病毒血症，病毒扩散至周边易感的上皮组织。在这些组织内，病毒引起可见的病变，导致出现相应的临床症状和病理损伤，其严重程度取决于宿主诱发因素。在死于超急性型的病畜尸体上，能观察到口腔黏膜、回一盲肠结合部的充血，有时能观察到口腔黏膜糜烂。PPR 大部分病程呈急性型，在病畜尸体上可以观察到特征性病变。病畜通常消瘦、脱水、尾部沾有白色或者绿色粪便，脓性分泌物阻塞鼻孔和眼睑，同时唇部充血、形成硬痂。

3.2.3 病理解剖学

从病理角度讲，口腔病变从溃疡到坏死呈多样性，在口腔黏膜、食道上端、皱胃和小肠上会同时出现溃疡和坏死性病变。在口腔内，病变主要发生在齿垫、硬腭、颊内肉突和舌背。在消化道内，病变损伤通常局限于十二指肠、回肠、盲肠、结肠上端，但皱胃黏膜也偶尔出现病变。皱胃病变，常见充血，带状肿胀和叶部变色。沿盲肠、结肠和直肠的纵向褶皱，由于严重充血形成“斑马纹”样特征性线状条纹，该病变具有诊断价值。整个肠道常见充血、水肿和黏膜溃疡，但回—盲结合部主要表现为出血。淋巴结呈现充血、水肿，特别是肠系膜淋巴结，咽下淋巴结和肠相关淋巴组织。

肺的前叶和心叶通常会出现严重的充血、结块、纤维化或者化脓性肺炎。鼻腔和气管常见充血、泡状分泌物和融合型的溃疡斑。发病动物会出现脓性结膜炎和脾囊肿等特征性病变，而皮肤和心脏通常无明显变化。极少病例可在肝脏出现点状病变。而继发性细菌感染可以加剧气管炎、支气管炎和间质性肺炎病症。

3.2.4 幼畜的小反刍兽疫病毒感染

感染后康复或者疫苗免疫的动物，在其初乳中带抗体。该母源抗体可以保护吮乳幼畜至少 3 个月。在 PPRV 流行地区，这种被动免疫力仅在 PPR 流行地才有，因为这些地区持续存在一定程度的 PPR 流行或者进行着疫苗免疫。而 3 月龄以后的幼畜由于母源抗体水平的下降而变得高度易感。吮乳幼畜感染后病情严重，通常呈“跳跃综合征”（笔者的现场经验，幼畜出现跳跃，跌倒，然后死亡）。发病率和死亡率分别可高达 100% 和 90%。在流行地区，发病率和死亡率通常较低，死亡率可低至 20%（Taylor et al. 2002）。

幼畜 PPR 已见于多篇研究报道（Aktas et al. 2011; Kul et al. 2008; Taylor et al. 1990; Cam et al. 2005）。总体说来，患病幼畜常表现出反应迟钝、厌食、流泪、流涎、咳嗽并导致呼吸窘迫、腹泻和结膜充血。表 3.1 所示患病幼畜（7 只绵羊羔，4 只山羊羔）的临床表现来自 Cam 等（2005）的报导。通常在唇、齿龈、颊黏膜、舌、上颚等部位会有坏死和溃疡，而最典型和严重的病变常见于鼻子和唇部的周围（图 3.3）。

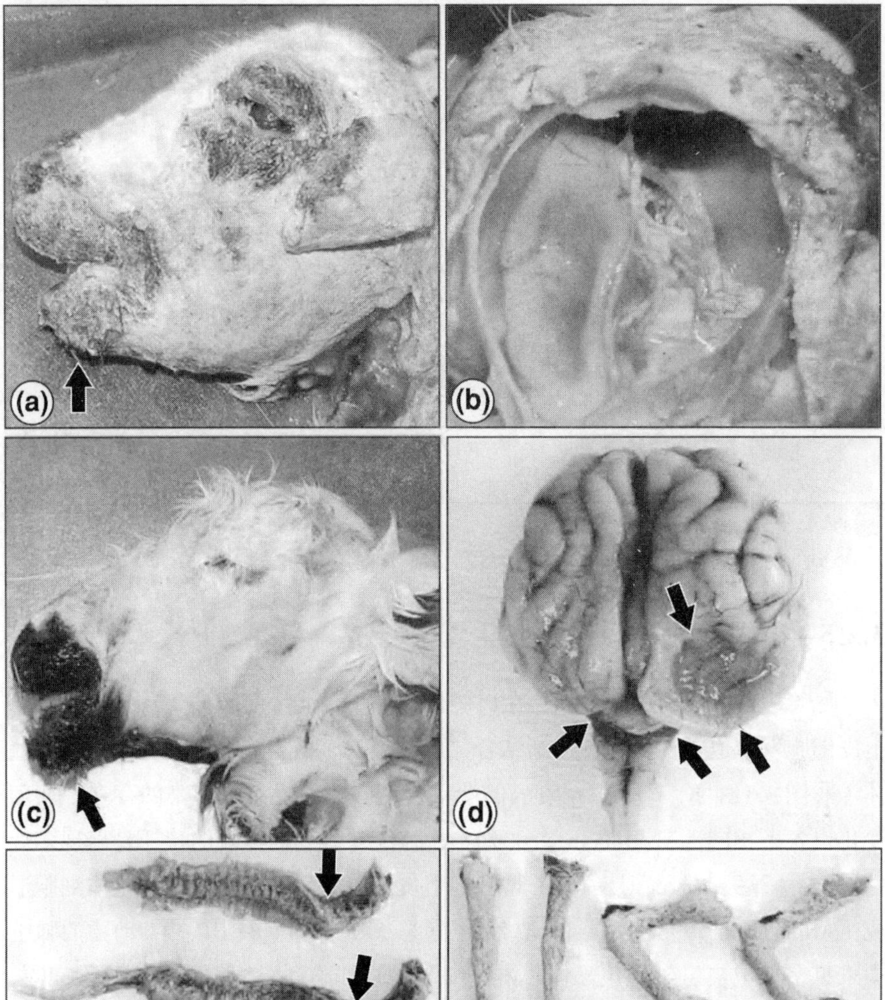

图 3.3　感染 PPRV 和瘟病毒属病毒后死亡羊羔的解剖前及解剖病变

a. 角质碎片密集分布于皮肤，注意下颚（黑色箭头所示）；b. 大脑半球的解剖病变，皮层细胞形成叶囊状层，大脑皮层紧贴脑膜；c. 羊毛类似于发状，而非毛状，并且无卷曲。注意下颚前凸（黑色箭头）；d. 注意大脑右侧顶枕叶的缺陷；e. 脊髓有多处先天不规则；f. 腕骨、跗骨、后肢膝关节和肘部的异常。图片经许可引自 Kul et al.（2008）。

表 3.1　幼畜感染 PPRV 后白细胞计数、体温、脉搏和呼吸频率
（经许可，从 Cam et al. 2005 文章中复制）

	体温（℃）	脉搏（bpm）*	呼吸频率（breaths/min）	白细胞数（$\times 10^3/\mu L$）**
绵羊羔 Lambs				
1	40.3	124	56	11.6
2	40.4	94	32	7.3
3	40.5	136	29	2.4
4	40.1	120	34	4.5
5	39.5	140	40	2.2
6	40.4	100	38	1.8
7	41.4	112	68	3.2
山羊羔 Kids				
1	40.1	104	30	8.8
2	40.5	140	32	5.0
3	39.9	128	40	2.6
4	40.4	112	68	1.3

* 每分钟心跳次数；

** 白细胞数参考值：绵羊（4~12）$\times 10^3/\mu L$，山羊（4~13）$\times 10^3/\mu L$。

3.2.5　组织病理学

尽管引起病毒血症，PPRV 在口腔和肠黏膜引起的组织学变化更为明显，上皮细胞发生退行性变化，逐渐结合并形成包含多核合胞体细胞的嗜酸性包涵体（彩图 3.1a，b，c）。根据疫病的严重程度和继发性细菌感染的存在，病理变化也各不相同（Al-Dubaib，2009）。在肺部，病变最显著的特征是出现多灶性退化、溃烂和坏死，接着是Ⅱ型肺泡上皮细胞增生，最终引起合胞体细胞形成（Aruni et al. 1998; Yener et al. 2004）（彩图 3.1a）。在 RP 感染动物的肺脏中未见多核上皮巨细胞包涵体。淋巴细胞、浆细胞和组织细胞浸润肺泡间隔，导致其肥大伴随肺泡内壁剥脱。另外，也可能会观察到嗜中性粒细胞浸润的鳞状上皮组织变形。

肠黏膜病变包括局灶性溃疡、水肿以及充血。在自然感染和实验感染动物中，一些病变特征是显而易见的，如肠绒毛萎缩、派尔集合淋巴结中的淋巴细胞减少、肠腺窝呈细胞管型扩张以及固有层有巨噬细胞和淋巴细胞的浸润。肝脏呈现肝肿大引起肝窦变窄和坏死肝细胞的细胞核固缩（彩图 3.1b）。在淋巴

结，典型病变包括内皮细胞增大、组织细胞浸润性淋巴窦、在小梁部出现广泛的多灶性坏死以及淋巴细胞消失。脾脏的病变包括网状内皮细胞的充血和增生，巨噬细胞、浆细胞和巨细胞的浸润；脾白髓急性坏死是该病重要的特征性病变。肾脏可能发生凝结坏死和主要在肾小管形成合胞体（彩图 3.1d）。血液学分析表明，在感染动物中会发生渐进性白细胞和淋巴细胞减少，尤其在急性发病时最为明显。

3.2.6　神经病理学

Galbraith 等人的研究表明所有麻疹病毒成员都可以引起中枢神经系统的感染。然而，不同麻疹病毒的神经毒力有差异。这可能是由于保护性免疫只能有效地清除某些麻疹病毒，但不是全部病毒。宿主保护性免疫应答以及病毒特异的受体（如膜辅蛋白 CD46）决定了病毒是否可以进入宿主细胞（Galbraith et al. 1998; Galbraith et al. 2002）。目前还没有关于 PPRV 感染枢神经系统及其致病的分子机制的定量研究。然而，从已有的数据来看，PPRV Nigeria 75/1 毒株有很强的神经毒性，病毒注入小鼠大脑后可以引起严重的神经反应。此外，病毒可以感染脑膜巨噬细胞和室管膜细胞。PPRV 存在于室管膜细胞中说明 PPRV 有到达和穿过脑脊髓液的潜能（Kul et al. 2007）。但这些解释需要通过天然或实验感染天然宿主的实验进行验证。

值得注意的是，PPRV 抗原在中枢神经系统的存在并没有引起山羊或绵羊任何神经病理症状。PPRV 嗜神经毒株感染小山羊和羊羔的临床病症可能更为严重，因为在出生死亡的羊羔中病变非常明显（Kul et al. 2008）（图 3.3）。在小鼠中，PPRV 感染引起类似犬瘟热的病变，在整个脑部血管周围都有明显的炎症病灶。进一步分析 PPRV 抗原的分布发现，PPRV 抗原在两个脑半球的颞、额回、嗅觉皮层神经元都有分布；在端脑层和海马区呈树突状分布（Galbraith et al. 2002; Galbraith et al. 1998）。但是，应用抗原免疫组化方法，在少突胶质细胞、星型胶质细胞、小胶质细胞和内皮细胞上检测不到病毒抗原。1998 年和 2000 年的两项研究结果（Galbraith et al. 2002; Galbraith et al. 1998）显示在中枢神经系统具有针对 PPRV 强大的免疫反应，可以迅速地清除 PPRV 感染或者产生中和抗体使病毒丧失复制能力。该结果仍需在天然宿主中进一步验证，不过验证不仅困难，而且花费也非常高。中枢神经系统中的 PPRV 可以在早期被清除。研究发现其他并发感染如感染瘟病毒，可以造成脑组织损伤（通过破坏内皮组织或者直接损伤组织）改变了血脑屏障的通透性，从而使PPRV可以穿过血脑屏障并致病（Toplu et al. 2011）。在该研究中，通过免疫组化发现PPRV抗原还存在于脊髓的运动神经元和小胶质细胞（彩图3.2）。此外在脑干、下丘脑室旁区域及脑半球的神经细胞和胶质细胞中都有PPRV抗原存在。根据以上报道，我们可以确认PPRV可以感染中枢神经系统。

3.3 鉴别诊断

当PPRV在成年动物群中首次出现，或者出现于类似疫病的地区，或者PPRV感染非天然宿主时，都有可能将PPR与以下疾病相混淆（FAO 2008; Fernandez and White 2010; Rossiter 2004）。

3.3.1 牛瘟

PPRV出现于RP曾经流行的区域，所以，经常出现误诊。不过考虑到几个关键差异，PPR与RP的鉴别诊断也相对简单。RP主要感染大型反刍动物（牛、水牛），已在全球范围内消灭，而PPRV主要感染小型反刍动物（羊和山羊）。但是，PPRV可以引起大型反刍动物的亚临床感染，并出现血清学阳性。

3.3.2 口蹄疫

口蹄疫（Foot and mouth disease，FMD）并不是一种呼吸系统疫病，感染口蹄疫病毒的动物缺乏呼吸系统症状，而感染PPRV的动物呼吸系统症状非常普遍，且易于观察；同时PPR病例经常观察到腹泻，FMD病例并无此症状；FMD重要病理损伤在感染动物的蹄部，而PPR没有；虽然两种疫病都能对幼畜造成比较大的侵害，但FMD比PPR更易引起幼畜的突然死亡。两种疫病对口腔的病理损伤极为相似，FMD在口腔的病理损伤相对较轻，一般不会致使口腔堵塞，也不会出现口腔恶臭，而PPR对口腔的病理损伤往往导致病畜废食，并且普遍引起口腔恶臭。绵羊比山羊更易感染FMDV，而PPRV则相反。

3.3.3 蓝舌病

蓝舌病是全球流行性疫病，而 PPRV 仅流行于东南亚、中东和几乎整个非洲。两种疫病均可引起发热、口腔损伤和大量分泌物，但蓝舌病具有一些特征性病变，包括头部水肿、口腔蓝色斑块（尤其是舌）、蹄冠破损、体表被毛脱落、最终导致病畜跛行。小反刍动物合并感染蓝舌病和 PPR 的临床表现较为复杂，需要分子诊断方法进一步确诊。

3.3.4 山羊传染性胸膜肺炎

山羊传染性胸膜肺炎（CCPP）和 PPR 具有一些类似的临床症状，例如呼吸困难、咳嗽，但 CCPP 通常不会出现口腔损伤和腹泻。同时 CCPP 仅感染山羊（绵羊通常不会感染），而 PPRV 对山羊、绵羊均易感。CCPP 是一种单纯的细菌性感染，患病动物肺部呈现弥漫性病变，胸腔充满纤维性渗出液，通常会出现肺部与胸壁的粘连。PPRV 感染动物的肺部常会观察到心叶和前叶的严重充血结块、纤维化或化脓性肺炎，但一般观察不到肺和胸壁的粘连。

3.3.5 传染性脓疱（羊口疮）

传染性脓疱（又名羊痘疮、羊口疮、传染性化脓性皮炎），口腔、鼻、唇部结痂，该症状与 PPR 极为相似。但是传染性脓疱通常不会感染消化道和呼吸道，因此，该病通常不会出现口腔坏死、腹泻和肺炎等临床症状。

3.3.6 内罗毕病（内罗毕地区羊急性出血性胃肠炎）

在非洲东部，PPR 容易与内罗毕病（内罗毕地区羊急性出血性胃肠炎，NSD）相混淆。与 PPR 相比较，山羊感染 NSD 后通常无口腔病变或者病变特别轻微。而且 NSD 的流行更多的分布于非洲扇头蜱感染较为普遍的地区。

3.3.7 痢疾综合征

球虫或者其他肠道寄生虫感染、大肠杆菌或者沙门氏菌感染的细菌性肠炎，可以引起幼畜的严重下痢，与 PPR 症状相似，但缺乏呼吸系统症状和口腔结痂等 PPR 典型症状。

3.3.8 肺炎巴氏杆菌病

肺炎巴氏杆菌病是一种侵害呼吸系统疫病，主要引发肺炎。患病动物肺前叶和心叶充满触感坚硬的暗红色斑块。该细菌通常不侵害消化道，不出现口腔病变和腹泻，这点可以与 PPRV 感染相区别。然而有一些 PPRV 感染病例口腔病变和腹泻不明显，使得两种疫病容易混淆，需要分子诊断方法（PCR）或者细胞培养方法来区分。PPRV 感染的发病率和致死率通常高于巴氏杆菌病。由于肺炎巴氏杆菌病，CCPP 以及 PPRV 具有许多相同的特征，在鉴别诊断中容易引起误诊。

3.3.9 心水病

心水病流行于大多数的非洲国家，心水病病原为反刍兽艾利希体（Ehrlichia Ruminantium），通过蜱（必需的传播媒介）叮咬传播。与 PPRV 相似，心水病引起明显的消化道和呼吸道症状，从临床症状难以进行鉴别诊断。心水病可感染小型（山羊、绵羊）和大型反刍动物（牛、水牛），而 PPRV 仅感染小型反刍动物（山羊、绵羊）。与 PPRV 不同，心水病的严重病例可以引发神经症状。

3.3.10 矿物中毒

山羊和绵羊与其他所有生物一样，除蛋白、能量、纤维素和水外，还需要摄入必需的常量和微量矿物质营养素。这些矿物质平衡对所有代谢活动至关重要，某一种矿物质的缺乏或者过量都会引起动物患病。主要的矿物元素有钙、磷、钾、钠、氯、硫和镁；微量元素主要有铁、锌、铜、钼、硒、碘、锰和钴。依据矿物质异常水平的不同，动物的临床表现差异较大，有些会与 PPRV 感染症状相似。但在添加了矿物质元素后，这些症状往往就会消失。

3.4 结论

尽管关于 PPRV 临床评价的研究已经有了实质性的进展，但目前有关小反刍兽疫发病的分子机制的信息仍然缺乏。本病的主要描述源于自然感染的绵羊和山羊，但这些研究还是 20 世纪 80 年代末所进行的。在疫病的调查中，不能排除并发感染性疾病的参与，特别是已有报道显示 PPRV 可以与蓝舌病、山羊传染性胸膜肺炎、山羊痘和绵羊痘产生并发感染。此外，由于 PPRV 具有神经嗜特性，对 PPR 致病机制尚不完全明了，需要进一步研究。

（丛国正　译；赵志荀，张志东　校）

参考文献

Abubakar M, Ali Q, Khan HA(2008) Prevalence and mortality rate of peste des petitis ruminant(PPR): possible association with abortion in goat. Trop Anim Health Prod 40(5):317–321.

Aktas MS, Ozkanlar Y, Simsek N, Temur A, Kalkan Y(2011) Peste des petits ruminants in suckling lambs case report and review of the literature. Isr J Vet Med 66(1):39–44.

Al-Dubaib MA(2009) Peste des petitis ruminants morbillivirus infection in lambs and young goats at Qassim region, Saudi Arabia. Trop Anim Health Prod 41(2):217–220.

Anderson J, McKay JA(1994) The detection of antibodies against peste des petits ruminants virus in cattle, sheep and goats and the possible implications to rinderpest control programmes. Epidemiol Infect 112(1):225–231.

Aruni AW, Lalitha PS, Mohan AC, Chitravelu P, Anbumani SP(1998) Histopathological study of a natural outbreak of peste des petitis ruminants in goats of Tamilnadu. Small Rumin Res 28:233–240.

Braide VB(1981) PPR—a review. World Anim Rev 39:25–28.

Bundza A, Afshar A, Dukes TW, Myers DJ, Dulac GC, Becker SA(1988) Experimental peste des petits ruminants(goat plague) in goats and sheep. Can J Vet Res(Revue canadienne derecherche veterinaire) 52(1):46–52.

Cam Y, Gencay A, Beyaz L, Atalay O, Atasever A, Ozkul A, Kibar M(2005) Peste des petits ruminants in a sheep and goat flock in Kayseri province Turkey. Vet Rec 157(17):523–524.

Dardiri AH, DeBoer CJ, Hamdy FM(1997) Response of American Goats and cattle to peste des petits ruminants virus. In: Proceedings of the 19th Annual Meeting of the American Association of Veterinary Laboratory Diagnosticians, Florida, pp 337–344.

Diallo A(2006) Control of peste des petits ruminants and poverty alleviation? J Vet Med 53(Suppl 1):11–13.

Elzein EM, Housawi FM, Bashareek Y, Gameel AA, Al-Afaleq AI, Anderson E(2004) Severe PPR infection in gazelles kept under semi-free range conditions. J Vet Med 51(2):68–71.

FAO(2008) Recognizing Peste des Petits Ruminants, A field manual FAO Corporate document repository. http://www.fao.org/docrep/003/x1703e/x1703e00.htm.

Fernandez P, White W(2010) Atlas of transboundary animal diseases. The World Organisation for Animal Health(OIE), Paris.

Galbraith SE, McQuaid S, Hamill L, Pullen L, Barrett T, Cosby SL(2002) Rinderpest and pestedes petits ruminants viruses exhibit neurovirulence in mice. J Neurovirol 8(1):45–52.

Galbraith SE, Tiwari A, Baron MD, Lund BT, Barrett T, Cosby SL(1998) Morbillivirus down regulation of CD46. J Virol 72(12):10 292–10 297.

Govindarajan R, Koteeswaran A, Venugopalan AT, Shyam G, Shaouna S, Shaila MS, Ramachandran S(1997) Isolation of pestes des petits ruminants virus from an outbreak in Indian buffalo(Bubalus bubalis). Vet Rec 141(22):573–574.

Hamdy FM, Dardiri AH(1976) Response of white-tailed deer to infection with peste des petits ruminants virus. J Wildl Dis 12(4):516–522.

Kul O, Kabakci N, Atmaca HT, Ozkul A(2007) Natural peste des petits ruminants virus infection: novel pathologic findings resembling other morbillivirus infections. Vet Pathol 44(4):479–486.

Kul O, Kabakci N, Ozkul A, Kalender H, Atmaca HT(2008) Concurrent peste des petits ruminants virus and pestivirus infection in stillborn twin lambs. Vet Pathol 45(2):191–196.

Kulkarni DD, Bhikane AU, Shaila MS, Varalakshmi P, Apte MP, Narladkar BW(1996) Peste des petits ruminants in goats in India. Vet Rec 138(8):187–188.

Nawathe DR, Taylor WP(1979) Experimental infection of domestic pigs with the virus of peste des petits ruminants. Trop Anim Health Prod 11(2):120–122.

Obi TU, Ojo MO, Durojaiye OA, Kasali OB, Akpavie S, Opasina DB(1983) Peste des petits ruminants(PPR) in goats in Nigeria: clinical, microbiological and pathological features. J Vet Med(Zentralblatt fur Veterinarmedizin Reihe B) 30(10):751–761.

Roger F, Yesus MG, Libeau G, Diallo A, Yigezu LM, Yilma T(2001) Detection of antibodies of rinderpest and peste des petits ruminants viruses(Paramyxoviridae, Morbillivirus) during a new epizootic disease in Ethiopian camels(Camelus dromedarius) Revue Méd Vét 152(3):265–268.

Rossiter PB(2004) Peste des petits ruminants. In: Coetzer JAW, Tustin RC(ed) Infectious diseases of livestock, vol 2nd. Oxford University Press, Cape Town, Southern Africa,pp 660–672.

Taylor WP, al Busaidy S, Barrett T(1990) The epidemiology of peste des petits ruminants in the Sultanate of Oman. Vet Microbiol 22(4):341–352.

Taylor WP, Diallo A, Gopalakrishna S, Sreeramalu P, Wilsmore AJ, Nanda YP, Libeau G, Rajasekhar M, Mukhopadhyay AK(2002) Peste des petits ruminants has been widely present in southern India since, if not before, the late 1980s. Prev Vet Med 52(3–4):305–312.

Toplu N, Oguzoglu TC, Albayrak H(2011) Dual infection of fetal and neonatal small ruminants with border disease virus and peste des petits ruminants virus(PPRV): neuronal tropism of PPRV as a novel finding. J Comp Pathol 146:289–297.

Yener Z, Saglam YS, Temur A, Keles H(2004) Immunohistochemical detection of peste des petits ruminants viral antigens in tissues from cases of naturally occurring pneumonia in goats. Small Rumin Res 51(3):273–277.

4

小反刍兽疫病毒免疫及致病机制

摘要： 小反刍兽疫病毒能引起机体高度免疫抑制，但 PPRV 免疫和感染康复后，机体能产生有效的细胞免疫和体液免疫。核蛋白、血凝素－神经氨酸酶蛋白的 T 细胞表位和 B 细胞表位的鉴定对阐明 PPRV 的免疫机制和监测方法的研发奠定了基础，这些研究成果可用于感染和免疫动物的鉴别诊断。目前，已有许多关于 PPRV 诱导细胞凋亡、免疫抑制和抵抗 PPRV 感染的细胞因子反应等方面的研究，此外也有对 PPRV 人工感染和自然感染动物的血液和生化反应变化的研究。本章对上述所有问题进行综述和讨论。

关键词： 体液免疫；细胞免疫；凋亡，免疫抑制；B 细胞表位；T 细胞表位；血液学

4.1 引言

尽管包括 PPRV 在内的麻疹病毒属病毒能引起广泛的免疫抑制，但动物一旦感染或免疫就能诱导机体产生保护性免疫反应而抵抗再次感染，这种免疫保护不仅能持续终生，更为重要的是对所有基因型的 PPRV，甚至对 RPV 也具有保护能力。有几篇研究报告了 PPRV 免疫原性蛋白的 B 细胞和 T 细胞表位，但对诱导体液和细胞免疫的机制仍然不清楚。因此需要对免疫抑制蛋白及其分子机制进行进一步研究。反向遗传系统的缺乏对全面理解这些机制造成障碍，但也有通过人工感染或自然感染 PPRV 的动物来阐述诱导凋亡、免疫抑制、细胞因子产生、血液和生化变化等方面的研究报道，本章对这些研究进展进行总结和讨论。

4.2 小反刍兽疫病毒免疫

4.2.1 被动免疫

被动免疫是将抗体从一个机体转移到另一个机体，母源抗体就是一个被动免疫的例子。在此过程中，母畜的抗体通过胎盘传递给胎儿，从而使幼畜在一定时期获得保护。母畜通过感染或免疫获得的 PPRV 保护性抗体决定了初乳中母源抗体的水平，羔羊从初乳中获得被动免疫，该保护力能持续 3~4 个月。采用细胞中和试验方法在第 4 个月时甚至还能检测到母源抗体，而竞争 ELISA 试验只能在第 3 个月检测到抗体（Libeau et al. 1992）。

对 23 只山羊羔和 26 只绵羊羔母源抗体水平进行研究，结果显示绵羊和山羊羔针对 PPRV 免疫保护分别能持续 3 个半月和 4 个半月（图 4.1），因此，推荐在第 4 月龄和第 5 月龄时对绵羊和山羊羔进行免疫接种（Awa et al. 2003）；但后来有研究发现，在 PPRV 疫区，对这两种羊羔的接种都应该在第 3 个月进行（Bodjo et al. 2006）。两种不同的研究结果可能是由于运用了不同的抗体检测方法，前者运用病毒中和试验，后者运用竞争 ELISA 方法。正确估算羊羔首免最佳时间理想的做法是让山羊和绵羊同时受孕，在相同的条件下对山羊和绵羊羔的免疫状况进行监测，此外还应同时用病毒中和试验和竞争 ELISA 方法检测 PRRV 中和抗体和群体抗体。

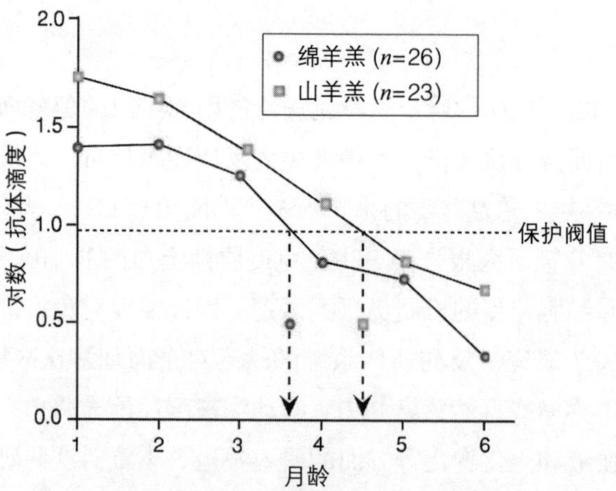

图 4.1 1~6 月龄绵羊和山羊母源抗体水平（修改自 Awa et al. 2003）

4.2.2 主动免疫

主动免疫是诱导机体产生针对病原的保护性免疫反应，从而使机体产生终生抗感染的记忆细胞。主动免疫通常包括细胞免疫和体液免疫，它通过与病原接触（如 PPRV 感染）或免疫接种获得（PRRV 疫苗接种）。

4.2.2.1 PRRV 细胞免疫

PPRV 感染或疫苗接种可诱导非常有效的细胞和体液免疫，即使是异源疫苗如 RPV 疫苗也能诱导机体产生针对 PPRV 的保护，反之亦然。有研究发现利用 PRV 的 H 和 F 糖蛋白也能诱导机体对 PPRV 攻毒产生抵抗力，但其中和抗体仅针对 RPV（Jones et al. 1993）。Sinnathamby 等用 PPRV 重组 HN 蛋白研究该蛋白的免疫效果，结果显示用该重组蛋白免疫山羊可诱导产生细胞免疫和体液免疫反应，而且产生的抗体在体外既能中和 PPRV 也能中和 RPV（Sinnathamby et al. 2001）。此外，有研究表明用可表达 RPV H 或 F 蛋白的重组痘苗病毒不能诱导 PPRV 中和抗体，但能保护动物临床发病（Romero et al. 1994）。所有这些研究表明细胞免疫是最重要的，中和抗体能否产生则有赖于免疫策略。Mitra-Kaushik 等（2001）将 RPV 和 PPRV 的重组核蛋白（N 蛋白）免疫小鼠来研究体液和细胞免疫反应，结果表明这两种病毒的 N 蛋白均能诱导产生特异的细胞免疫反应，且两者具有交叉反应。进一步利用小鼠和天然宿主鉴定出了一个保守的 T 细胞表位（Mitra-Kaushik et al. 2001），这个表位在所有麻疹病毒属的病毒中是保守的，这解释了 RPV 和 PPRV 能产生交叉保护的原因。此外，RPV H 蛋白和 PPRV HN 似乎也有保守的 T 细胞表位（Sinnathamby et al. 2001），位于蛋白高度保守的 N 末端（127—137 位氨基酸）和 C 末端（242—609 位氨基酸）。

4.2.2.2 PPRV 体液反应

疫苗接种和 PPRV 感染均能诱导产生高水平的抗体，如前所述，抗体似乎仅对同种病毒具有保护效力，这意味着麻疹病毒属的 B 细胞表位不完全保守。有研究者试图探究这种现象，Choi 等（2005）绘制了 N 蛋白主要的 B 细胞表位，并且提出 N 蛋白可被划分为 4 个主要的抗体区域：A-I、A-II、C-I 和

C-II（Choi et al. 2005）。HN 蛋白的 B 细胞表位也已经被确定（Renukaradhya et al. 2002），其单克隆抗体能与 HN 蛋白的 263—368 位和 538—609 位氨基酸这 2 个区域结合。在此研究中，利用抑制神经氨酸酶活性和红血球凝集活性的能力来检测单克隆抗体的活性。上述代表 4 个区域的 4 个单克隆抗体，他们与 RPV 的交叉反应分别是：强（+++），中度（++），弱（+），无交叉（-），说明两者的交叉反应很弱，这解释了 RPPV 和 RPV 之间不能相互产生中和抗体的原因。

4.3 B 细胞和 T 细胞表位

淋巴细胞是特殊的白细胞，在保护机体抵抗病原入侵中发挥根本作用，其主要的免疫反应有细胞介导和抗体介导的免疫反应。淋巴细胞有两种类型：T 细胞和 B 细胞。T 细胞（胸腺细胞）参与细胞调节的免疫，病毒入侵后，Th 细胞被激活，产生细胞因子；此外，细胞毒性 T 细胞可产生细胞毒性物质和强力毒性颗粒；这两种分泌物即细胞因子和毒性颗粒可诱导病原感染细胞死亡（彩图 4.1）。B 细胞诱导产生针对病原的抗体，这些抗体有中和外来抗原的强大能力（例如：PPRV）。与病原直接接触被激活的 T 细胞和 B 细胞也可产生记忆细胞，这些记忆细胞能记住特定的抗原，对于再次入侵的病原能启动快速免疫反应（Abbas and Lichtman 2003；Von Andrian and Mackay 2000）。因此，绘制病毒蛋白的 T 或 B 细胞表位（对 T 细胞和 B 细胞具有刺激能力的最短的免疫结构域序列）对设计有效重组疫苗非常必要。更为重要的是，PPRV 表位鉴定为流行病学调查、疫情监测、动物免疫状况评价等检测方法研制打下基础，使疫病早期诊断成为可能；表位研究成果同时也为感染和免疫动物鉴别诊断（DIVA）奠定了基础。尽管鉴定 PPRV 表位仍然需要巨大的努力和付出，但其同时也具有强大的吸引力，目前有相当多关于 PPRV HN、F 和 N 蛋白抗原表位的研究报告。另外，有研究表明麻疹病毒属病毒包括麻疹病毒、牛瘟病毒、犬瘟热病毒的 T 细胞和 B 细胞表位具有保守性，利用这些研究结果为模型，使得 PPRV 蛋白表位图谱绘制相对容易，这将有利于基于非复制型载体的 PPRV 亚单位疫苗研制。

4.3.1 B 细胞表位

由于麻疹病毒属 N 蛋白靠近启动子区域，其表达量最为丰富，感染后针对 N 蛋白产生的抗体也最多最早。在抗体合成期阶段，N 蛋白可能被释放到细胞外的间隔区而优先与 B 细胞表位受体结合（Laine et al. 2003）。因此，明确 N 蛋白免疫机制和作用非常重要。为了确定 PPRV N 蛋白 B 细胞表位，Choi 等利用杆状病毒和 GST 融合表达体系制备的单克隆抗体和多克隆抗体鉴定了全长 N 蛋白及其突变体的表位特征；利用几株单克隆抗体，他们至少鉴定了 4 个表位，在 PPRV Nigeria75/1 株中，这 4 个表位被命名为 A-Ⅰ、A-Ⅱ、C-Ⅰ和 C-Ⅱ(Choi et al. 2005)。麻疹病毒属其他病毒如麻疹病毒（Buckland et al. 1989）和牛瘟病毒（Choi et al. 2003），A-Ⅰ、A-Ⅱ位于氨基端 1—262 位氨基酸的中段，而 C-Ⅰ和 C-Ⅱ位于羧基端 448—521 位氨基酸的中段。用 ELISA 方法进一步分析显示，A-Ⅱ和 C-Ⅱ区表位的免疫原性比 A-Ⅰ和 C-Ⅰ区强。尽管这些表位的具体位置仍需进一步明确，但是这 4 个区域对利用 N 蛋白建立血清学诊断方法提供了必要的信息。

HN 蛋白的 B 细胞表位已用免疫区段定位法定位。利用单克隆抗体鉴定出 363—368 位和 538—609 位氨基酸这 2 个区域具有免疫反应原性，这两个区域之间间隔 171 个氨基酸(Renukaradhya et al. 2002)。针对这两个区域的单克隆抗体既具有反应原性，也具有病毒中和能力，说明这些 B 细胞表位域可能参与病毒中和。另外，这些 B 细胞表位在 PPRV HN 蛋白中高度保守，其很可能在三级结构上也具有保守性。

众所周知，几乎所有麻疹病毒属的病毒都能产生细胞病变，因此，疫苗中必须存在有 B 细胞表位，这样可诱导较强的中和抗体。PPRV F 蛋白是否也存在中和表位尚待进一步研究。

4.3.2 T 细胞表位

为了鉴定 PPRV N 蛋白上的 T 细胞表位，Mitro-Kaushik 等（2001）测定了 E.coli 表达的 N 蛋白在 BALB/c 小鼠模型中诱导抗体反应和细胞毒性 T 淋巴细胞反应（CTL），结果证实 PPRV 和 RPV N 蛋白均诱导限制性Ⅰ类分子的、抗原特异的、且交叉反应强烈的 $CD8^+$ T 细胞免疫反应，然而产生的高滴度抗体却不能中和病毒。用纯化的 PPRV N 蛋白免疫小鼠不仅体重增加，其脾脏淋巴细胞增殖能力也显著提高（Mitra-Kaushik et al. 2001）。

$CD4^+$ 细胞不仅能诱导病毒特异性细胞毒性 T 细胞（CTLs）的产生，也能诱导病毒特异性 B 细胞产生。早期研究认为机体内产生病毒特异性记忆细胞，就如病毒引起细胞病变那样可能不是 PPRV 独有的现象。目前研究已非常清楚，在感染早期阶段，$CD8^+$ 细胞通过识别病毒非结构蛋白（PPRV 的 C 或 V）而发挥关键作用，它可能通过分泌细胞因子（IFN-γ）或与 MHC 相关的细胞毒性从而阻止 PPRV 的复制。此外，这一过程中伴随有免疫抑制和免疫调节（Karp et al. 1996）。因此，在探究活化 $CD8^+$ 与免疫保护性病毒蛋白主要的、最短的 T 细胞表位之间的关系方面仍然存在广阔的研究空间。

用皮肤成纤维细胞进行 MHC $Ⅰ^+$ 类和 MHC $Ⅱ^-$ 类递呈细胞增殖试验，结果显示：$CD8^+$ 细胞不仅对 PPRV N 蛋白有反应，同时对 $H-2^d$- 限制性 CTL 表位也有反应（Mitra-Kaushik et al. 2001）；上述结果进一步被直接细胞毒性 T 细胞试验所证实。此外还发现，不管是感染了 PPRV 还是 RPV N 蛋白的自体成纤维细胞，均可以 MHC Ⅰ类分子限制性方式被杀死。由此可得出 PPRV 和 RPV 之间的保守性不仅导致了上面提及的相同作用，还使感染的自体皮肤成纤维细胞产生交叉反应。

近年来，生物信息学和试验验证结果为利用 N 蛋白为基础建立感染和免疫动物鉴别诊断（DIVA）检测方法的策略提供了依据（Dechamma et al. 2006）。基于如抗原指数，偏向性等这几个评价标准，在 PPRV N 蛋白的保守区域选择了 7 个表位，但结果显示仅有 19-mer 的短肽（454—472 位氨基酸）能跟抗体反应。兔子感染免疫研究显示这 19-mer 的短肽能引起机体较强的免疫反应，即使加入 Th 抗原，抗体仍保持不变；进一步研究表明 PPRV N 蛋白 Th 表位位于氨基末端，而这 19-mer 短肽线性 B 细胞表位位于羧基末端。存在于 N 蛋白中的这两个表位基序能诱导特异性抗体，在 ELISA 试验中该抗体可用于从 RP 中区分 PPRV。

除了 N 蛋白，麻疹病毒属病毒的两个表面糖蛋白 HN 和 F 非常重要，因为它们能诱导机体产生高度免疫保护。已证实 PPRV HN 蛋白能有效诱导体液和细胞介导的免疫反应，但在 Shaila 研究团队对其研究之前，对于该蛋白的抗原位点和免疫机制都不清楚。Shaila 等在第一轮研究中鉴定了 PPRV HN 蛋白潜在的 T 细胞抗原决定簇存在的区域。除了 PPRV HN 蛋白氨基末端（113—

183 位氨基酸）高度保守的区域外，Sinnathamby 等（2001）也绘制了 PRV 和麻疹病毒 H 蛋白 15-mer 的 T 细胞抗原决定簇（位于 123—137 位氨基酸）。尽管需要进一步证实，但已有证据表明，对于山羊，H 蛋白的羧基末端（242—609 位氨基酸）也存在潜在的 T 细胞决定簇（Sinnathamby et al. 2001）。

之后，Sinnathamby 等用自体皮肤成纤维细胞鉴定了 PPRV HN 蛋白的 400—423 位（长度为 24 个氨基酸）这个基序，这个区段携带 CTL 表位、在麻疹病毒属中是高度保守的，尤其是在 PPRV 和 RPV 之间（Sinnathamby et al. 2004）。这是截至目前唯一一个在 PPRV 和 RPV HN/H 蛋白上被鉴定的基序。他们进一步研究表明：用杆状病毒表达的 RPV 的 H 蛋白免疫牛，可诱导中和抗体、牛白细胞抗原（BoLA）系统Ⅱ限制性 Th 细胞反应和牛白细胞抗原系统Ⅰ限制性细胞毒性 T 细胞反应（CTL），该免疫反应不仅针对 PRV H 蛋白，也可针对 PPRV HN 蛋白。在该具有刺激功能的区域中，他们还筛选出了一个牛白细胞抗原 -A11（BoLA-A11）结合基序（ 408—416 位氨基酸）（Sinnathamby et al. 2004）。

4.4 小反刍兽疫病毒诱导的凋亡

在病毒感染等多种刺激下，可诱导能量依赖性细胞死亡，称之为凋亡。在细胞凋亡的过程中涉及形态和生化过程，包括细胞皱缩、局部从基质上脱落、细胞膜皱缩、染色质浓缩、核小体断裂、最终细胞破裂形成凋亡小体，这些凋亡小体被巨噬细胞吞噬，不引起炎症反应（White 1996; Vaux and Strasser 1996）。

凋亡的诱导和抑制被认为对病毒有利。有人认为，一方面，病毒通过阻止细胞凋亡来防止宿主细胞的过早死亡，因此提高了病毒持续存在的机会，或者说增加了病毒在细胞内的增殖。另一方面，病毒也诱导细胞凋亡，这样能促进子代病毒的释放和对邻近细胞的侵染。此外，病毒诱导的细胞凋亡对细胞产生毒性作用，从而显示出病毒的致病性（Roulston et al. 1999）。

目前，对于 PPRV 凋亡抑制机制仍然不清楚，然而对于副黏病毒科其他成员和其他病毒科成员的大量研究显示病毒具有共同的自我防御机制（Laine et al. 2005; Roulston et al. 1999）。已知 PPRV 可以诱导细胞凋亡，表明病毒可通过对感染细胞致死而限制其复制，这在病毒复制和逃避宿主防御机制方面具有重要作用（Mondal et al. 2001）。利用山羊外周血单核细胞研究显示病毒诱导的细胞凋亡与 PPRV 复制呈正比（图 4.2a）。在感染的细胞中能发现 DNA 片段，这是细胞凋亡的形态特征。通过电子显微镜观察到 PPRV 感染细胞染色质边缘化和细胞膜皱缩（图 4.2b），在超薄切片中能观察到凋亡小体的形成（图 4.2c），但在病毒未感染的细胞中则没有观察到这种变化（图 4.2d）。以上研究明确表明 PPRV 至少能诱导山羊外周血细胞凋亡，但其分子机制不明，要明确这点需要确定哪种病毒蛋白在诱导凋亡中发挥关键作用，凋亡的激活中涉及哪条通路。

最近，和 PPRV 相似的麻疹病毒的核蛋白被确定为凋亡诱导物（Bhaskar et

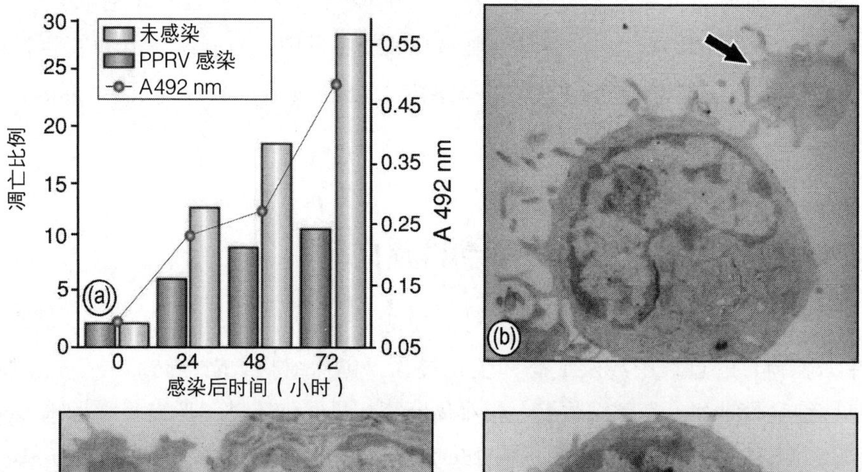

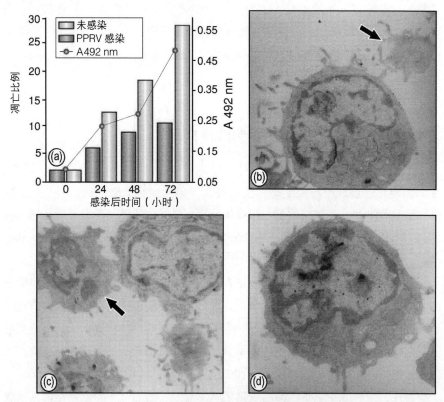

图 4.2　PPRV 感染诱导细胞凋亡

a. 细胞凋亡水平与小反刍兽疫病毒复制的相关性。b. 小反刍兽疫病毒感染山羊细胞后导致畸形，如染色质边集，细胞膜皱缩。c. 感染细胞形成凋亡小体。d. 正常细胞。本图经允许修改自 Mondal 等（2001）。

al. 2011）。由于麻疹病毒和 PPRV 的 N 蛋白非常相似，因此麻疹病毒属病毒 N 蛋白可能都具有该功能。此外，PPRV 诱导凋亡被认为与病毒和免疫系统之间作用有关。虽然 PPRV 免疫抑制机制尚不清楚，但凋亡诱导与免疫抑制相关这一点被认为是所有的副黏病毒的共有特性，且这点已在麻疹病毒上得到验证（Schnorr et al. 1997）。

4.5　小反刍兽疫病毒致细胞因子反应

所有的真核生物有其固有的机制来抑制病毒复制，这些机制包括中和抗体、补体系统和细胞因子。在细胞因子中，干扰素被认为是抗病毒反应的主要细胞因子。Ⅱ型干扰素（IFN-γ）在直接抑制病毒复制中发挥重要的作用，它既有免疫刺激作用同时又有免疫调节作用（Koyama et al. 2008）。与未感染的对照组相比，感染 PPRV 动物的口腔、肺脏和舌头上皮层产生 IFN-γ 明显增多（Atmaca and Kul 2012）（表 4.1），免疫组化表明在毛细管黏膜、口腔黏膜下层的成纤维细胞和肌细胞显示强染色；此外，肺脏（支气管，支气管上皮细胞）、舌和口腔颊黏膜都显示产生高的 IFN-γ。除这些组织器官外，血管内的单核细胞、多核细胞、单个核细胞及黏膜下层的唾液腺都呈现免疫阳性，这表明 PPRV 有很强的散播能力和诱导细胞因子产生的能力。IFN-γ 在 IFN-β 和肿瘤坏死因子 -α（TNF-α）的协助下，通过寡腺苷酸合成酶发挥抗病毒作用，但有关感染动物体内这些细胞因子是如何共同发挥作用的，则没有报道。

TNF-α 是另一种能在病毒感染后诱导炎症反应的细胞因子，主要表现为 TNF-α 可对几种免疫细胞产生刺激作用，诱导机体发热、细胞凋亡、炎症和病毒血症，最终抑制病毒复制（van Riel et al. 2011）。在 PPRV 感染动物的肺脏、上皮淋巴细胞、合胞细胞和肺泡巨噬细胞中 TNF-α 高水平表达（Atmaca and Kul 2012），此外，黏膜下层的成纤维细胞、肺脏以及唾液腺上皮细胞 TNF-α 都呈现增高（表 4.1）。由于 PPRV 对上皮细胞具有亲和性，TNF-α 很可能在刺激细胞介导的免疫反应中发挥重要作用，这点尚需进一步研究（Opal and DePalo 2000）。而且，在 PPRV 感染中，TNF-α 升高与诱导型一氮合成酶共同作用下可能是诱导炎症反应的原因（表 4.1）。对麻疹病毒感染与非感染儿童的 TNF-α 和 IFN-γ 水平进行比较，结果显示两者 IFN-γ 明显不同，而 TNF-α 不明显，该结果提示 PPRV 的致病性可能与麻疹病毒有所不同

(Moussallem et al. 2007)。与此相一致的是，雪貂感染犬瘟热病毒后不能诱导外周血淋巴细胞产生细胞因子(Svitek and von Messling 2007)。

PPRV 感染动物的 IL-4 和 IL-10 水平在细支气管、支气管和肺泡隔中相对升高，非感染动物在此处没有发现明显升高（表 4.1）。IL-4 可抑制 IFN-γ 诱导单核细胞，IL-10 则主要抑制 TNF-α 和 IL-1 的产生。这意味着 TNF-α 和 IFN-γ 水平升高不受 IL-4 和 IL-10 单独或联合作用的影响。

表 4.1　细胞因子水平统计分析

细胞因子组织		对照组动物		PPRV 阳性动物		统计显著性
		平均值	标准差	平均值	标准差	($p > 0.05$)
IFN-γ	肺	0.606	0.404	2.267	2.321	0.031*
	口腔黏膜	0.007	0.001	2.798	2.702	0.003*
	舌	0.006	0.001	1.461	1.198	0.003*
IFN-α	肺	0.03	0.0261	0.299	0.614	0.011*
	口腔黏膜	0.001	0	0.546	0.711	0.031*
	舌	0.001	0	0.445	0.588	0.048*
IL-4	肺	0.010	0.004	0.010	0.002	0.880*
	口腔黏膜	0.010	0	0.024	0.059	0.880*
	舌	0.012	0.001	0.048	0.145	0.880*
IL-10	肺	0.011	0.002	0.011	0.002	0.820*
	口腔黏膜	0.010	0002	0.010	0.002	0.704*
	舌	0.010	0.004	0.015	0.006	0.120*

*$P < 0.05$ 显著。

对 PPRV 感染山羊的研究明确了淋巴细胞激活信号分子受体（SLAM）的分布和表达。SLAM 亦即 CD150，在 T 细胞和 B 细胞表面表达，是麻疹病毒属如麻疹病毒、犬瘟热病毒和牛瘟病毒等几种病毒的受体。SLAM 的表达和分布与 PPRV 的细胞嗜性一致。由于 PPRV 具有免疫抑制特性，在一些主要的淋巴结如肠系膜，肺门区，下颌，肩前淋巴结 SLAM 的 mRNA 表达水平较高，这表明 PPRV 与这些淋巴结有很高的亲和力；在呼吸系统（鼻黏膜）和消化系统（十二指肠和胆囊）也能检测到 SLAM 表达，因此，这两个系统 PPRV 含量也高；此外在可被 PPRV 感染的脾脏、胸腺、血液中也存在 SLAM 高水平表达位点。尽管 PPRV 也能在肺、结肠和直肠中复制，但这些部位的 SLAM 并没有激活，这也部分解释了 SLAM 并非 PPRV 感染的主要受体，PPRV 还依赖其他受体进行感染和致病（Meng et al. 2011）。

4.6　小反刍兽疫病毒引起的免疫抑制

PPRV 所属的麻疹病毒属具有高度的免疫抑制能力，例如麻疹病毒能诱导儿童和婴儿全面的免疫抑制，导致许多个体死亡。免疫抑制以淋巴细胞减少和细胞因子失衡为特征，其结果导致细胞免疫功能受损和外周血淋巴细胞失活，无法正常分化（Avota et al. 2010）。因此，麻疹死亡的主要原因是细菌继发感染（Beckford et al. 1985）。在接种麻疹疫苗时也会出现这种情况，虽然不是很严重（Griffin and Pan 2009; Hussey and Clements 1996）。不过，感染麻疹病毒或接种该疫苗后，机体能获得终生免疫，换言之，尽管个体产生严重的免疫抑制，但仍能产生足够的免疫保护。麻疹病毒感染导致死亡的通常是婴儿，这是由于婴儿的免疫系统尚未发育成熟的原因。

对 PPRV 免疫抑制的程度和机制尚未全面了解，可获得的信息也很贫乏。PPRV 可能具有免疫抑制的大多数特征，但并非全部，其确切的机制可能与麻疹病毒属其他病毒略有不同，不同分离株之间也可能略有不同。试验显示接种强毒力 PPRV（Izatnagar/94）可导致山羊产生免疫抑制效应（Rajak et al. 2005），强毒可引起白血球减少、淋巴细胞减少、针对特异和非特异性抗原抗体减少，这表明产生了免疫抑制（Rajak et al. 2005），免疫抑制在感染后的第 4~10 天即疫病急性期最为明显，在本研究中，免疫抑制程度与临床症状的严重程度相一致。PPRV 亲淋巴细胞特性和麻疹病毒属引起淋巴细胞减少是免疫抑制的重要标志，这点在 PPRV（Kumar et al. 2001; Raghavendra et al. 1997; Rajak et al. 2005）和 PRV（Scott 1981）上已有表现。疫苗株在这些方面仅产生中度的作用，尽管具有免疫抑制现象，但免疫系统仍能够对 PPRV 感染产生有效的免疫。虽然已证实 PPRV 疫苗株被完全致弱，不引起生物学上明显的免疫抑制，但是轻度暂时性的免疫抑制可导致动物有继发感染危险，在疫情暴发的情况下这将使得疫病复杂化。

麻疹病毒属，包括 PPRV，在体外也能抑制人 B- 淋巴母细胞（B-lymphoblast cell line，BJAB）增殖。Heaney 等研究显示（2002），PPRV 疫苗株 Nigeria/75/1 对新分离的及用有丝分裂原刺激的牛和山羊外周血淋巴细胞（peripheral blood lymphocytes，PBL）增殖有强烈的抑制作用（图 4.3），并且 PPRV（50%）对山羊 PBL 的抑制要高于 PRV 疫苗株（30%），特别是在 MOI 值为 5 的高滴度情况下。总体上 PPRV 和 RPV 抑制 PBL 的增殖与病毒滴度相关。尽管在这项研究中没有对PPRV野毒株进行比较，但RPV野毒株和疫苗株对牛PBL的抑制水平无明显差别（Heaney et al. 2002），因此，PPRV可能与RPV类似。

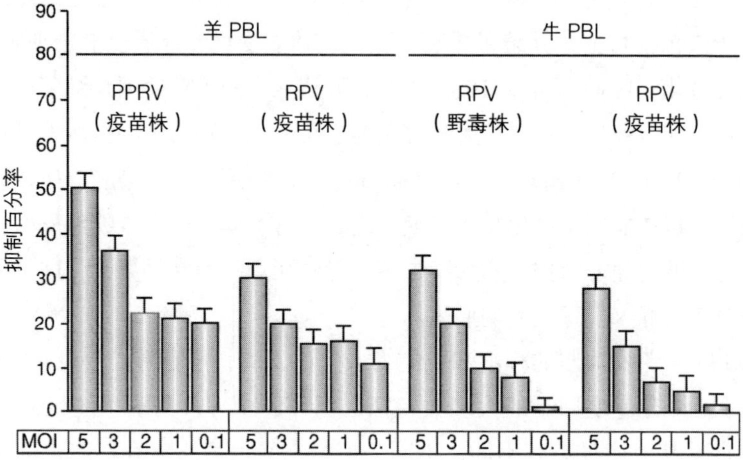

图 4.3 PPRV 和 RPV 感染对 PBL 增殖的抑制

（左侧图）：PPRV和RPV疫苗株在植物血凝素处理的山羊PBL细胞中72h，对细胞增殖的抑制随着病毒MOI从5~0.1下降而下降；（右侧图）：RPV疫苗株和野毒株在植物血凝素处理的牛PBL细胞中72h，对细胞增殖的抑制随着病毒MOI从5~0.1下降而下降。PBL的抑制水平通过MTT试验来评价。该图经Heaney等人（2002）的允许并有所调整。

免疫功能低下的动物容易受到并发感染的较强影响，疫病的严重程度也成倍增加。近来有研究表明：用类固醇（地塞米松）和oxazophorine（环磷酰胺）诱导免疫抑制可使PPR在病理学和病原传播方面加重（Jagtap et al. 2012）。这些药物能诱导严重的淋巴细胞减少症和白细胞减少症，这使得PPRV除了感染一些典型器官外，也能感染非典型器官如肺脏、肾脏和心脏，免疫抑制山羊可在短期内出现病毒血症。在疫病的传播速度、传播范围、症状严重程度和死亡率方面，免疫功能不全的动物要远高于免疫功能健全的动物（图4.4）。

对PPRV感染动物免疫抑制和免疫抑制的后果两方面进行研究（Jagtap et al. 2012; Rajak et al. 2005），结果显示不能检测到PPRV特异性抗体，由此推测PPRV可干扰针对抗原的体液免疫反应，感染早期免疫抑制和病毒血症进一步证实了上述假设。此试验仅限于感染前10天，但疫病后期PPRV免疫应答的特点不应被忽略，然而通常在血清学发生变化之前动物已经死亡。对免疫抑制动物早期 PPRV 抗原检测解释了在疫病发生时免疫抑制动物在疫病从发病动物快速传播给健康易感动物所起的作用。总之，免疫抑制动物在疫病传播中起重要作用，而且表现出严重的症状。

MV 免疫抑制的确切机制尚不清楚，但该功能是由多基因控制的，许多病

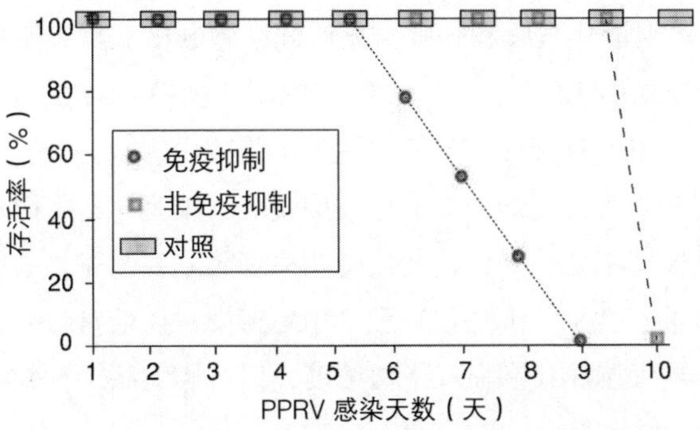

图 4.4　PPRV 感染免疫抑制和非免疫抑制山羊的存活率

用环磷酰胺和地塞米松处理山羊（免疫抑制）、未经药物处理的山羊（非免疫抑制），然后分别接种 PPRV。对照组山羊既未进行药物处理，又不接种 PPRV。该图经 Jagtap 等（2012）允许重新处理。

毒基因参与了这一特性（Avota et al. 2010）。已证实核蛋白的可溶性形式突变体可抑制抗体产生（Ravanel et al. 1997）；而病毒糖蛋白复合物抑制 T 细胞增殖（Avota et al. 2010; Niewiesk et al. 1997; Schlender et al. 1996）；此外，麻疹病毒的 V 蛋白能抑制 IFN-α/β 和 NF-κB 信号通路，最终降低 IFN-α/β 的产生（Caignard et al. 2009）。与麻疹病毒相比，RPV 的 C 蛋白能阻断 Ⅰ 型干扰素（Boxer et al. 2009），P 蛋白与 STAT1 相互作用而抑制 IFN 信号传递，V 蛋白则是 IFN 主要的下游调控信号（Nanda and Baron 2006）。对 PPRV 来说，其非结构蛋白 C 和 V 不参与对抗免疫反应，而与病毒的致病性有关。PPRV 和麻疹病毒的 V 蛋白在氨基酸上高度相似，因此，PPRV 可能依靠 V 蛋白发挥抑制 IFN 的作用。我们前期研究显示 V 蛋白的两端主要发挥抑制 IFN-α/β 和 NF-κB 信号通路的作用（Munir et al. 未发表），然而这些研究需要在体内外进一步证实。

4.7 小反刍兽疫病毒引起的血液学变化

由于 PPRV 能引起感染动物出血、腹泻，且具有淋巴组织亲和性，因此，检查血液成分和病毒偏好组分的消耗非常重要。正如所预计的，自然感染 PPRV 的幼龄动物因消化系统和肺脏出血使红细胞数量和红细胞压积值明显降低（Sahinduran et al. 2012）（表 4.2）。红细胞压积值降低可能是由 PPRV 引起的严重腹泻造成，也不排除因应激使中性粒细胞减少、以白细胞减少症、单核细胞和淋巴细胞减少为标记的明显的免疫抑制对红细胞压积值降低的作用。嗜酸性粒细胞数量保持不变，因为这些免疫相关细胞主要与寄生虫感染有关。另有研究证实，体重、性别、地理位置和 PPRV 感染对血液参数有影响的这 4 个因素中均不会影响细胞压积和血红蛋白浓度，但可影响嗜中性粒细胞和淋巴细胞（Aikhuomobhogbe and Orheruata 2006）。

血小板是血液的基本成分，在机体损伤的情况下可形成血凝块而主要负责止血。活化的部分凝血酶时间（activated partial thromboplastin time，APLTT）和凝血酶原时间（prothrombin time，PT）是内外凝血通路的标志，这些标志物直接决定血凝的趋势，间接提示肝脏的状态，例如，肝脏损伤和维生素 K 的状态。研究表明感染动物血小板减少程度与非感染动物比较非常显著（表 4.2），而且感染 PPRV 幼龄动物的 APLTT 和 PT 都有所增加，这直接说明了以下几种可能性中的一点：来自骨髓的 PLT 产生减少、PLT 的消耗增加、外周血管破坏引起 PLT 丢失，或者是这 3 种因素综合影响。然而，PPRV 感染动物肝脏损害的特点说明 APLTT 和 PT 的延迟是由于创伤和弥散性血管内凝血所致。

白蛋白和球蛋白是血液中具有重要作用的两种蛋白。白蛋白通过与阳离子（如 Ca^{2+}、Na^{+} 和 K^{+}）、激素、胆红素和甲状腺素结合主要负责血液渗透压的调节，球蛋白包括各种抗体，是免疫系统组成部分，参与对抗感染和组织病变。与健康动物相比，PPRV 感染动物的球蛋白水平明显增加，白蛋白则明显减少，这就使得血液中的总蛋白增加，白蛋白和球蛋白比率降低（Yarim et al. 2006）（表 4.2）。

表 4.2　PPRV 感染小山羊的血液和生化数值

	参数	感染组（n=12）	对照组（n=5）	显著性
血液学	白细胞总数（$\times 10^9$/L）	2.11 ± 0.29	10.68 ± 1.25	≤ 0.001**
	嗜中性粒细胞（$\times 10^9$/L）	9.17 ± 0.38	1.95 ± 0.43	≤ 0.001**
	淋巴细胞（$\times 10^9$/L）	1.88 ± 0.25	7.70 ± 0.57	≤ 0.001**
	红细胞（$\times 10^{12}$/L）	3.29 ± 0.23	7.89 ± 0.25	≤ 0.001**
	单核细胞（$\times 10^3$/μL）	1.4 ± 0.1	1.2 ± 0.3	≤ 0.001**
	嗜酸性粒细胞（$\times 10^3$/μL）	0.3 ± 0.03	0.4 ± 0.03	> 0.05
	总蛋白（g/dL）	7.2 ± 0.3	6.8 ± 0.5	≤ 0.05
	白蛋白（g/dL）	2.3 ± 0.2	2.7 ± 0.4	≤ 0.001**
	球蛋白（g/dL）	4.9 ± 0.4	4.2 ± 0.8	≤ 0.001**
	白蛋白 / 球蛋白的比率	0.48 ± 0.07	0.68 ± 0.24	≤ 0.001**
	血红蛋白（g/dL）	97.71 ± 4.64	82.20 ± 1.79	> 0.05
	血细胞比容（%）	17.14 ± 1.22	29.85 ± 1.75	≤ 0.001**
	PT（s）	18.65 ± 0.42	11.26 ± 0.31	≤ 0.001**
	APTT（s）	34.76 ± 0.63	30.36 ± 0.67	≤ 0.01**
	PLT（$\times 10^{11}$/L）	2.04 ± 0.02	5.18 ± 0.23	≤ 0.001**
生物化学	BUN（mg/dL）	30.75 ± 9.39	13.36 ± 0.84	≤ 0.01**
	肌酸酐	2.67 ± 0.11	1.49 ± 0.10	≤ 0.001**
	ALP（U/L）	449.00 ± 47.90	181.64 ± 42.75	≤ 0.01**
	AST（U/L）	430.00 ± 14.52	181.64 ± 42.75	≤ 0.001**
	ALT（U/L）	47.08 ± 1.98	30.79 ± 1.64	≤ 0.001**
	GGT（U/L）	141.58 ± 51.82	39.88 ± 5.25	> 0.05
	总胆红素（mg/dL）	0.33 ± 0.12	0.22 ± 0.05	≤ 0.05*
	直接胆红素（mg/dL）	0.23 ± 0.08	0.16 ± 0.04	≤ 0.05*
	间接胆红素（mg/dL）	0.10 ± 0.05	0.05 ± 0.02	≤ 0.05*
	胆固醇（mg/dL）	108.1 ± 11.3	106.6 ± 14.3	> 0.05
	血清唾液酸	82 ± 8.9	62.2 ± 3.8	0.05*

* 比较显著，** 非常显著，不显著 $P > 0.05$，表格来自 Yarim et al.（2006）和 Sahinduran et al.（2012）等。

4.8　小反刍兽疫病毒引起的生化反应

尿素是蛋白在肝脏中的代谢产物，通过肾脏从血液中排出，以尿素的形式来测量血液中氮的含量被认为代表肾脏的功能。肌肉中的肌酐是磷酸肌酸的代谢产物，主要由肾脏从血液中过滤出来。与未感染的幼年山羊相比，PPRV 感染使幼年山羊血液中的尿素氮和肌酐明显升高，这表明 PPRV 在这些组织中增殖引起组织病变（Sahinduran et al. 2012）。天冬氨酸转氨酶（aspartate aminotransferase，AST）、丙氨酸转氨酶（alanine aminotransferase，ALT）、碱性磷酸酶（alkaline phosphatase）和λ-谷氨酰转移酶（gamma glutamyl-transferase，GGT）这4种酶被认为是肝脏功能的标识物。两个不同小组的研究都发现（Yarim et al. 2006; Sahinduran et al. 2012）PPRV感染动物除了GGT外其他酶的水平明显升高，表4.2列举了其中一个研究的结果。

胆红素是血红蛋白降解产物，它分泌到胆汁（动物的粪便）和尿液中，使尿液呈黄色（由于它是尿胆素的代谢产物），粪便呈褐色（由于它是粪胆素的代谢产物），这种颜色是疾病状态下胆红素异常的标志。胆红素首先在脾脏中处理（直接胆红素），然后经肝脏再次处理（间接胆红素）。与健康动物相比，感染动物的直接胆红素和间接胆红素明显升高，因此其血液中的总胆红素水平也升高。然而，PPRV感染和非感染动物胆固醇水平（致命性疾病的另一个指标）不受影响（表4.2）。

唾液酸是动物和植物细胞膜必有成分，它可作为副黏病毒（PPRV为该病毒属）和正黏病毒（如流感病毒）某些成员的受体，血清中唾液酸的水平与造成肝脏破坏的疾病和癌症有关，血清中的唾液酸也可作为疾病急性反应期的标志，特别是在低聚糖侧链上存在唾液酸残基。与健康动物相比，PPRV感染动物血清中的唾液酸水平升高（Yarim et al. 2006）（表4.2），升高程度与肝功能检测一致，这是PPRV能造成肝脏破坏的有力证据，然而细胞介导的免疫反应和PPRV急性反应期也能引起血清唾液酸水平升高。不管诱因是什么，血清中的唾液酸可作为小反刍兽感染PPRV的一个诊断指标。

4.9 结论

PPRV感染可同时诱导免疫保护和免疫抑制，这是一个有趣的现象，这可能决定了病毒是否能从宿主体内清除。在机体清除病毒感染和诱导保护性免疫中，细胞免疫和体液免疫哪个占主导地位仍不太清楚，这有待进一步研究。在HN和N蛋白含有的T细胞和/或B细胞表位鉴定研究工作的启示下，目前急需确定小反刍动物抗PPRV N蛋白的可能机制，这将为病毒特异性的细胞免疫提供靶标。此外，利用INF-γ和其他细胞因子模拟类似的反应也有利于阐明麻疹病毒属普遍的和PPRV特有的免疫抑制和免疫调节机制。

（颜新敏，吴国华，李健，张强　译；窦永喜　校）

参考文献

Abbas AK, Lichtman AH(2003) Cellular and molecular immunology, 5th edn. Saunders, Philadelphia.

Aikhuomobhogbe PU, Orheruata AM(2006) Haematological and blood biochemical indices of West African dwarf goats vaccinated against Pestes des petit ruminants(PPR). African J Biotechnol 5(9):743–748.

Atmaca HT, Kul O(2012) Examination of epithelial tissue cytokine response to natural peste des petits ruminants virus(PPRV) infection in sheep and goats by immunohistochemistry. Histol Histopathol 27(1):69–78.

Avota E, Gassert E, Schneider-Schaulies S(2010) Measles virus-induced immunosuppression: from effectors to mechanisms. Med Microbiol Immunol 199(3):227–237.

Awa DN, Ngagnou A, Tefiang E, Yaya D, Njoya A(2003) Post vaccination and colostral Peste des petits ruminants antibody dynamics in research flocks of Kirdi goats and Fulbe sheep of North Cameroon. In: Jamin JY, Seiny Boukar L, Floret C(eds) Savanes africaines: des espaces en mutation, des acteurs face à de nouveaux défis. Actes du colloque, Garoua, Cameroun. Prasac, N'Djamena, Tchad—Cirad, Montpellier, France.

Beckford AP, Kaschula RO, Stephen C(1985) Factors associated with fatal cases of measles. A retrospective autopsy study. South African Med J Suid-Afrikaanse tydskrif vir geneeskunde 68(12):858–863.

Bhaskar A, Bala J, Varshney A, Yadava P(2011) Expression of measles virus nucleoprotein induces apoptosis and modulates diverse functional proteins in cultured mammalian cells. PLoS One 6(4):e18 765.

Bodjo SC, Couacy-Hymann E, Koffi MY, Danho T(2006) Assessment of the duration of maternal antibodies specific to the homologous peste des petits ruminant vaccine "Nigeria 75/1" in Djallonké lambs. Biokemistri 18(2):99–103.

Boxer EL, Nanda SK, Baron MD(2009) The rinderpest virus non-structural C protein blocks the induction of type 1 interferon. Virology 385(1):134–142.

Buckland R, Giraudon P, Wild F(1989) Expression of measles virus nucleoprotein in Escherichia coli: use of deletion mutants to locate the antigenic sites. J gen virol 70(Pt

2):435–441.

Caignard G, Bourai M, Jacob Y, Tangy F, Vidalain PO(2009) Inhibition of IFN-alpha/beta signaling by two discrete peptides within measles virus V protein that specifically bind STAT1 and STAT2. Virology 383(1):112–120.

Choi KS, Nah JJ, Ko YJ, Kang SY, Joo YS(2003) Localization of antigenic sites at the aminoterminus of rinderpest virus N protein using deleted N mutants and monoclonal antibody.J Vet Sci 4(2):167–173.

Choi KS, Nah JJ, Ko YJ, Kang SY, Yoon KJ, Jo NI(2005) Antigenic and immunogenic investigation of B-cell epitopes in the nucleocapsid protein of peste des petits ruminants virus. Clin Diagn Lab Immunol 12(1):114–121.

Dechamma HJ, Dighe V, Kumar CA, Singh RP, Jagadish M, Kumar S(2006) Identification of T-helper and linear B epitope in the hypervariable region of nucleocapsid protein of PPRV andits use in the development of specific antibodies to detect viral antigen. Vet Microbiol118(3–4):201–211.

Griffin DE, Pan C-H(2009) Measles: Old Vaccines. New Vaccines Curr top microbiol immunol 330:191–212.

Heaney J, Barrett T, Cosby SL(2002) Inhibition of in vitro leukocyte proliferation by morbilliviruses. J Virol 76(7):3 579–3 584.

Hussey GD, Clements CJ(1996) Clinical problems in measles case management. Ann Trop Paediatr 16(4):307–317.

Jagtap SP, Rajak KK, Garg UK, Sen A, Bhanuprakash V, Sudhakar SB, Balamurugan V, Patel A, Ahuja A, Singh RK, Vanamayya PR(2012) Effect of immunosuppression on pathogenesis of peste des petits ruminants(PPR) virus infection in goats. Microb Pathog. doi: 10.1016/j.micpath.2012.01.003.

Jones L, Giavedoni L, Saliki JT, Brown C, Mebus C, Yilma T(1993) Protection of goats against peste des petits ruminants with a vaccinia virus double recombinant expressing the F and H genes of rinderpest virus. Vaccine 11(9):961–964.

Karp CL, Wysocka M, Wahl LM, Ahearn JM, Cuomo PJ, Sherry B, Trinchieri G, Griffin DE(1996) Mechanism of suppression of cell-mediated immunity by measles virus. Science 273(5272):228–231.

Koyama S, Ishii KJ, Coban C, Akira S(2008) Innate immune response to viral infection.

Cytokine 43(3):336–341.

Kumar A, Singh SV, Rana R, Vaid RK, Misri J, VS V(2001) PPR outbreak in goats: Epidemiological and therapeutic studies. Indian J Anim Sci 71:815–818.

Laine D, Bourhis JM, Longhi S, Flacher M, Cassard L, Canard B, Sautes-Fridman C, Rabourdin-CombeC, Valentin H(2005) Measles virus nucleoprotein induces cell-proliferation arrest and apoptosis through NTAIL-NR and NCORE-FcgammaRIIB1 interactions, respectively. J genvirol 86(Pt 6):1 771–1 784.

Laine D, Trescol-Biemont MC, Longhi S, Libeau G, Marie JC, Vidalain PO, Azocar O, Diallo A, Canard B, Rabourdin-Combe C, Valentin H(2003) Measles virus(MV) nucleoprotein binds to a novel cell surface receptor distinct from FcgammaRII via its C-terminal domain: role in MV-induced immunosuppression. J Virol 77(21):11 332–11 346.

Libeau G, Diallo A, Calvez D, Lefevre PC(1992) A competitive ELISA using anti-N monoclonal antibodies for specific detection of rinderpest antibodies in cattle and small ruminants. Vetmicrobiol 31(2–3):147–160.

Meng X, Dou Y, Zhai J, Zhang H, Yan F, Shi X, Luo X, Li H, Cai X(2011) Tissue distribution and expression of signaling lymphocyte activation molecule receptor to peste des petits ruminant virus in goats detected by real-time PCR. J Mol Histol 42(5):467–472.

Mitra-Kaushik S, Nayak R, Shaila MS(2001) Identification of a cytotoxic T-cell epitope on the recombinant nucleocapsid proteins of Rinderpest and Peste des petits ruminants viruses presented as assembled nucleocapsids. Virology 279(1):210–220.

Mondal B, Sreenivasa BP, Dhar P, Singh RP, Bandyopadhyay SK(2001) Apoptosis induced by peste des petits ruminants virus in goat peripheral blood mononuclear cells. Virus Res 73(2):113–119.

Moussallem TM, Guedes F, Fernandes ER, Pagliari C, Lancellotti CL, de Andrade HF, DuarteMI Jr(2007) Lung involvement in childhood measles: severe immune dysfunction revealed by quantitative immunohistochemistry. Hum Pathol 38(8):1 239–1 247.

Nanda SK, Baron MD(2006) Rinderpest virus blocks type I and type II interferon action: role of structural and nonstructural proteins. J Virol 80(15):7 555–7 568.

Niewiesk S, Schneider-Schaulies J, Ohnimus H, Jassoy C, Schneider-Schaulies S, Diamond L, Logan JS, ter Meulen V(1997) CD46 expression does not overcome the intracellular block of measles virus replication in transgenic rats. J Virol 71(10):7 969–7 973.

Opal SM, DePalo VA(2000) Anti-inflammatory cytokines. Chest 117(4):1 162–1 172.

Raghavendra L, Setty DRL, Raghavan R(1997) Haematological changes in sheep and goat sexperimentally infected with Vero cell adapted peste des petits ruminants(PPR) virus. Indian J Anim Sci 12:77–78.

Rajak KK, Sreenivasa BP, Hosamani M, Singh RP, Singh SK, Singh RK, Bandyopadhyay SK(2005) Experimental studies on immunosuppressive effects of peste des petits ruminants(PPR) virus in goats. Comp Immunol Microbiol Infect Dis 28(4):287–296.

Ravanel K, Castelle C, Defrance T, Wild TF, Charron D, Lotteau V, Rabourdin-Combe C(1997) Measles virus nucleocapsid protein binds to FcgammaRII and inhibits human B cell antibody production. J Exp Med 186(2):269–278.

Renukaradhya GJ, Sinnathamby G, Seth S, Rajasekhar M, Shaila MS(2002) Mapping of B-cell epitopic sites and delineation of functional domains on the hemagglutinin-neuraminidase protein of peste des petits ruminants virus. Virus Res 90(1–2):171–185.

Romero CH, Barrett T, Chamberlain RW, Kitching RP, Fleming M, Black DN(1994) Recombinant capripoxvirus expressing the hemagglutinin protein gene of rinderpest virus: protection of cattle against rinderpest and lumpy skin disease viruses. Virology 204(1):425–429.

Roulston A, Marcellus RC, Branton PE(1999) Viruses and apoptosis. Annu Rev Microbiol 53:577–628.

Sahinduran S, Albay MK, Sezer K, Ozmen O, Mamak N, Haligur M, Karakurum C, Yildiz R(2012) Coagulation profile, haematological and biochemical changes in kids naturally infected with peste des petits ruminants. Trop Anim Health Prod 44(3):453–457.

Schlender J, Schnorr JJ, Spielhoffer P, Cathomen T, Cattaneo R, Billeter MA, ter Meulen V, Schneider-Schaulies S(1996) Interaction of measles virus glycoproteins with the surface of uninfected peripheral blood lymphocytes induces immunosuppression in vitro. Proc Nat AcadSci USA 93(23):13 194–13 199.

Schnorr JJ, Seufert M, Schlender J, Borst J, Johnston IC, ter Meulen V, Schneider-Schaulies S(1997) Cell cycle arrest rather than apoptosis is associated with measles virus contact-mediated immunosuppression in vitro. J gen virol 78(Pt 12):3 217–3 226.

Scott GR(1981) Rinderpest and peste des petits ruminants. In: Virus diseases of food animals, vol2. Academic Press, London.

Sinnathamby G, Renukaradhya GJ, Rajasekhar M, Nayak R, Shaila MS(2001) Immuneresponses in goats to recombinant hemagglutinin-neuraminidase glycoprotein of Peste despetits ruminants virus: identification of a T cell determinant. Vaccine 19(32):4 816–4 823.

Sinnathamby G, Seth S, Nayak R, Shaila MS(2004) Cytotoxic T cell epitope in cattle from the attachment glycoproteins of rinderpest and peste des petits ruminants viruses. Viral Immunol 17(3):401–410.

Svitek N, von Messling V(2007) Early cytokine mRNA expression profiles predict Morbillivirus disease outcome in ferrets. Virology 362(2):404–410.

Van Riel D, Leijten LM, van der Eerden M, Hoogsteden HC, Boven LA, Lambrecht BN,Osterhaus AD, Kuiken T(2011) Highly pathogenic avian influenza virus H5N1 infects alveolar macrophages without virus production or excessive TNF-alpha induction. PLoS Pathog 7(6):e1002099.

Vaux DL, Strasser A(1996) The molecular biology of apoptosis. Proc Nat Acad Sci USA93:2 239–2 244.

Von Andrian UH, Mackay CR(2000) T-cell function and migration. Two sides of the same coin. N Engl J Med 343(14):1 020–1 034.

White E(1996) Life, death, and the pursuit of apoptosis. Genes Dev 10:1–15.

Yarim GF, Nısbet C, YazıcıZ, Gumusova SO(2006) Elevated serum total sialic acid concentrations in sheep with peste des petits ruminants. Medycyna Weterynaryjna 62(12):1 375–1 377.

5

小反刍兽疫的流行病学及分布

摘要：从系统发育进化来说，基于融合蛋白基因（F 基因）和核衣壳蛋白基因（N 基因）可将小反刍兽疫病毒（PPRV）分为 4 个谱系。其中，属于谱系Ⅰ和Ⅱ的 PPRV 仅在最先暴发 PPRV 的西非国家中能够分离到。谱系Ⅲ则仅存在于中东和非洲东部。而谱系Ⅳ被认为是由新出现的病毒组成的一个新的谱系，并且此谱系当前在亚洲国家是最流行的，而且在非洲也正逐步成为主要暴发谱系。目前尚不清楚在过去的 50 年中该病是否真的发生了明显的区域性扩散，或者说这反映了人们对于该疫病防范的意识增强、有效性诊断方法增多，还是病毒发生了变异。当前疫病的流行病学情况可能是由多种因素综合作用的结果。PPR 临床表现通常混有肺出血性败血症和小反刍兽的其他肺部疾病而使其在一些国家难以诊断辨识。然而，正确了解特定地区的谱系分布在选择合适的同源毒株疫苗产品来保证免疫的有效性时是有必要的。长期持续使用非本地流行的非同源候选疫苗可能会导致新一代谱系的产生，也有可能会导致对既存种群的免疫逃避，特别是对于 RNA 病毒更易发生。因此，谱系的识别是有效诊断、流行病学调查和控制的先决条件。在本章节中主要对目前已知的 PPRV 的分布进行了详细探讨。

关键词：流行病学；分布；进化分析；F 基因；N 基因

5.1 引言

在过去的 10 年间，由于动物传染病的重要性不断增强，人们已经发现禽流感、口蹄疫、小反刍兽疫、蓝舌病、狂犬病和其他的一些疫病的存在。在这些疫病中，小反刍兽疫发生的特别之处就在于只影响山羊和绵羊。1942 年非洲西部象牙海岸第一次报道小反刍兽疫后，该病又被称为“kata”“伪牛瘟”“口炎肺肠炎综合征”或“绵羊牛瘟”（Gargadennec and Lalanne 1942）。由于其在临床症状、病理变化和免疫上与牛瘟非常相似，因此直到使用法文名字“*peste des petits ruminants*”之前，它的名字一直没有明确。在接下来的 40 年，直到 1979 年 PPR 才被证实存在于西非的大多数国家如尼日利亚、塞内加尔、多哥、贝宁，然而到 1982 年该疫病已经蔓延到了苏丹（非洲东部的一个国家）。动物流行病学调查表明自第一次报道以来 PPRV 已经在向非洲南部蔓延。非洲西部国家中 PPR 易感动物的自由活动可能是引起该病定向传播的原因。

由于其在抗原性和免疫学上与牛瘟极其相似，因此，PPR 在首次识别后的很长时间都难以识别和诊断。印度在 1987 年被诊断出存在 PPR，成为 PPR 存在的第一个亚洲国家（Shaila et al. 1989），随后在 1994 年巴基斯坦首次报道存在（Amjad et al. 1996）。从 1993—1995 年，PPRV 迅速扩散至阿拉伯半岛、南亚和中东的很多国家，并一直流行至今。目前，血清学证实 PPR 在非洲大陆、中亚、南亚、中东和阿拉伯半岛的大多数国家存在（图 5.1）。最近 Kaukarbayevich（2009）研究表明在 1986—1999 年 PPR 在家畜中的流行情况是最糟糕的，当时报道每千万头小反刍动物就有 50~70 头发病，而近年来该病流行情况有所缓解，严重程度减少到每千万头有 10~30 头发病（Kaukarbayevich 2009）。

从系统进化上来说，PPRV 可以被分为 4 个谱系（Shaila et al. 1996;Dhar et al. 2002）。属于谱系Ⅰ和Ⅱ的 PPRV 只在 PPRV 起源的西非国家中能够分离出。尽管一些属于谱系Ⅲ的病毒在印度南部也曾分离出，但谱系Ⅲ仅存在于阿拉伯和非洲东部国家。谱系Ⅳ则认为是由新出现的病毒毒株组成的一个新的谱系。令人惊讶的是，这个谱系与谱系Ⅰ关系非常密切，是典型的非洲谱系。谱系Ⅳ通过一个未知途径成功地入侵到了亚洲和中东地区。

过去的 30 年中，PPR 在世界范围大量蔓延，并且最近它已经在已知的地方性动物疾病领域中被诊断出（Arzt et al. 2010）。在亚洲，中国、尼泊尔和塔吉克斯坦也首次报道出现 PPRV，而在非洲 PPRV 现在已经从赤道以南蔓延到了加蓬（1996）、肯尼亚（2006）、刚果（2006）和乌干达（2007），而且也向撒哈拉沙漠北部蔓延到了摩洛哥（2007）（ProMED 2008），这表明它正在持续威胁着世界各地（图 5.1）。从摩洛哥分离出的一株 PPRV 毒株 N 基因的序列

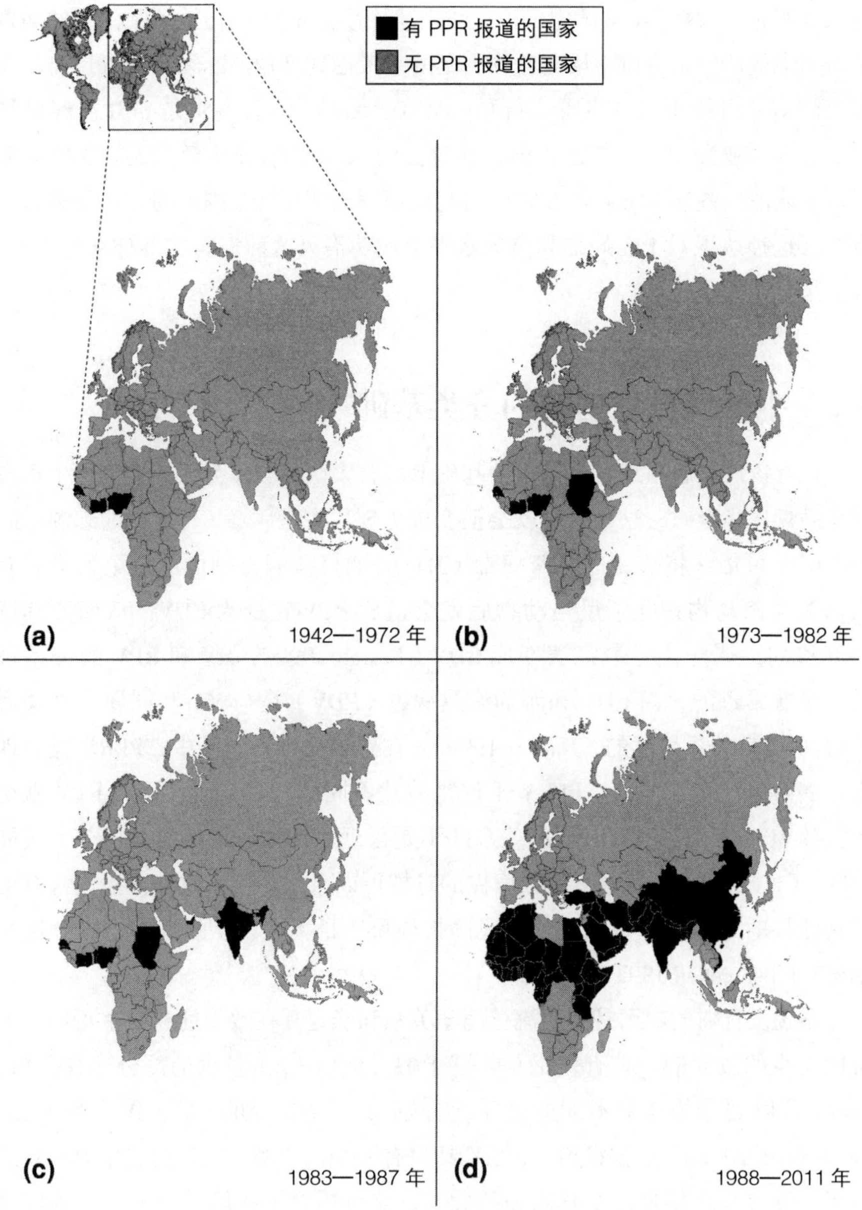

图 5.1 PPR 在全球的地理分布概况

本图基于 OIE 关于 PPR 的有关报道及其血清学检测和基因组学检测结果绘制。值得注意的是该病从初始发生国家（a）向各个方向（b，c）蔓延传播，最终蔓延至亚洲和非洲的大多数国家（d)。

分析表明它与沙特阿拉伯和伊朗的毒株密切相关。这表明传播到摩洛哥的病毒是由于大量从中东进口小反刍动物引起的。考虑到这种洲际间的病毒传播，非洲新的谱系可能正在摩洛哥流行（ProMED 2008）。尽管事实是 PPR 已经被局限于非洲、亚洲和中东地区，但它在过去的 10 年仍然在蔓延扩大。这些研究强调了认清这些病毒被限制在它们引起疫病的局部地区范围内的方式是多么的重要，这种认识对于在局部和全球水平上成功消灭这种疫病变得越来越重要，这就是本章的重点。

5.2 小反刍兽疫病毒的分类基础

在麻疹病毒属系统发育分析的基础上，有人认为当作为家养动物的牛含有麻疹病毒属病毒时，这种病毒就会演变成为现代牛瘟病毒（RPV）的起源。此外，RPV 可最终将演变成麻疹病毒（MV），而麻疹病毒则能够感染人类。有人认为食肉动物在吃了反刍动物后就会造成 RPV 转变为 CDV，从而使其感染麻疹病毒属病毒，最终演变成 CDV（Barrett 1999）。MV 和 RPV 的关系被认为是非常近的，而 CDV 和海豹瘟热病毒（PDV）是与 MV 和同属于麻疹病毒属的 RPV 关系最远的（Barrett 1999）。在副黏病毒科家族中，PPRV 也表现麻疹病毒属的典型特征。PPRV 不仅是截然不同的病毒，而且同与 RPV 密切相关的 MV 相比，它与 RPV 的关系并不是很近。麻疹病毒属的其他 3 个成员（MV、CDV、RPV）表明不同致病性的毒株可以自然产生。此外，根据含有可快速迁移的 N 蛋白或根据它们单克隆抗体反应情况可以从强毒株中区分这些毒株（Libeau et al. 1992）。

系统发育树的应用是阐明流行病学关系和确定其在致病性和宿主嗜性方面可能发生的改变的一种有效工具。基于融合蛋白（F）基因的部分序列分析，PPRV 可以划分为 4 个不同的谱系，分别命名为Ⅰ、Ⅱ、Ⅲ、Ⅳ（图 5.2a）（Dhar et al. 2002）。而据报道，PPRV 却只有一个血清型。在最初鉴定 PPRV 的时候，分类系统就是以 F 基因为基础的，这也拓展了我们对于该病毒的传播和分布在内的分子流行病学的认识。该病毒在已流行国家的持续循环传播和在先前无疫情国家的发病报道要求我们需在病毒的分子水平上开展深入研究。

就这一点而言，Kerur et al.（2008）在同一病毒样本上将传统 F 基因和具有确定分子流行病学模式的目的 N 基因做了平行比较。

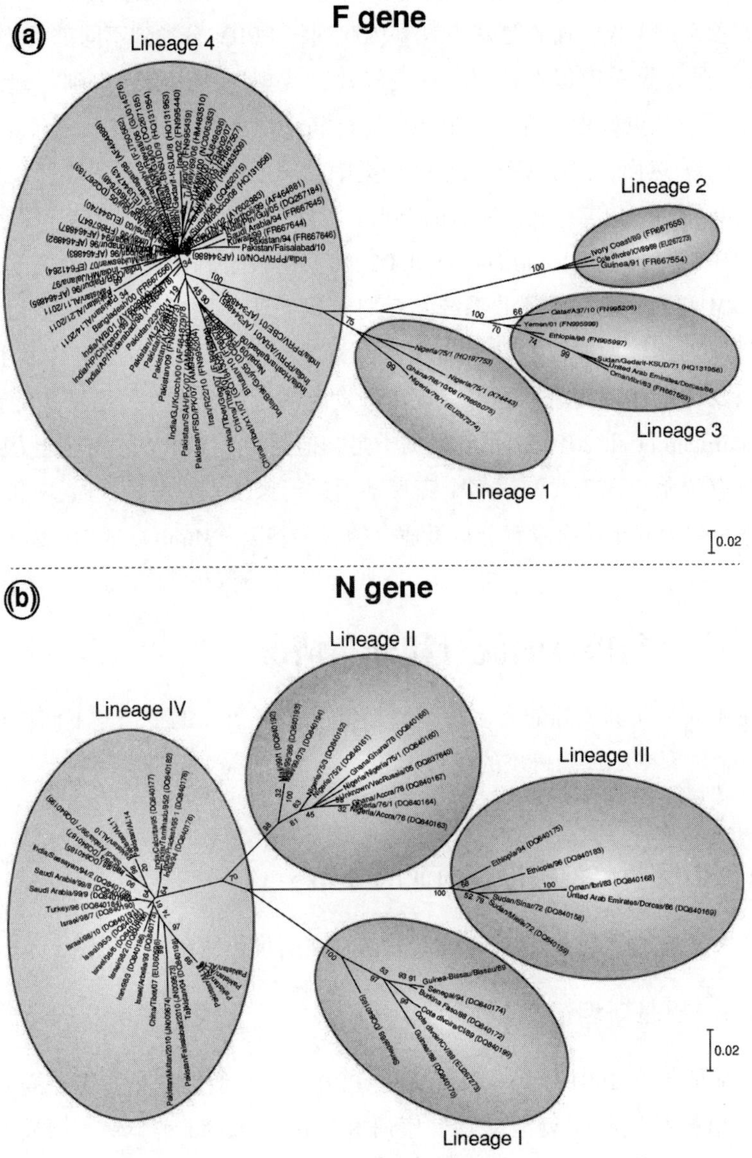

图 5.2 分别基于 PPR 病毒的 F 基因和 N 基因的多数一致原则构建的一致树

该树是在 MEGA4 软件中使用邻接法和双参数模型构建的。在这个图中展示的数据为自引导值（1 000 次重复）和大于 50% 的唯一值。水平距离与序列距离呈正比。此图中将 PPRV 明确的分成了 4 个谱系。

他们认为如果基于F基因的部分序列进行PPRV的谱系分类相当于把研究对象放置于谱系Ⅳ，而若是基于N基因序列将PPRV分类到不同谱系（lineage Ⅰ，Ⅱ，Ⅲ，Ⅳ）中似乎是用一种更好地方式把这些病毒聚集到一起，因此这给出了一个更好地研究关于PPRV流行病学情况的方式（Kerur et al. 2008）（图5.2b）。然而，除了基于F基因分类中的属于谱系Ⅰ且不是基于N基因树的谱系Ⅱ的PPRV毒株外，所有的PPRV毒株无论使用哪个基因都可以分在同一个组中。最近，Balamurugan et al.（2010）比较了基于印度来源的PPRV的N、F、M和HN基因得到的系统发育树。他们认为通过对易感动物以HN基因基础序列比较而非以F基因和N基因为基础的方法来监控PPRV的循环传播，以及确定在疫病流行国家有规律暴发的病毒的分布和传播是非常重要的（Balamurugan et al. 2010）。尽管证据十足，但是由于PPRV的变异能力强，因此要具有说服力还需要使用多个病毒基因进行系统发育分析。F、N和HN基因似乎是目前对于系统发育分析最适合的候选基因（Munir et al. 2012b）。

5.3 小反刍兽疫的流行和分布情况

在亚洲和非洲大陆的大多数国家都报道了有PPR的疫情，下面详细讨论了在每个国家中小反刍兽疫的流行病学。

5.3.1 小反刍兽疫病毒在南亚的分布

在大多数的南亚国家中，PPRV普遍存在而且仍然在流行（图5.3）。

5.3.1.1 巴基斯坦

巴基斯坦在1991年第一次报道了PPR，当时他们把来自旁遮普地区的疑似牛瘟样品送到了英国动物健康研究所的Pirbright实验室，该实验室在1994年从基因方面分析了PPRV的特征，并于1996年发表了报道（Amjad et al. 1996）。然而在PPR确诊前，Pervez等人（1993）在《Pakistan Journal of Livestock Research》杂志上仅仅根据临床结果将旁遮普省的疫情描述为伪牛瘟。随着PPRV的确认，就算不是所有的疑似疫情都是由于PPRV的感染引起，但这些疑似疫情的暴发很可能与PPRV感染有关，而且可能在疫情流行之前更早的时候就已经存在了。根据 F 基因的核苷酸序列分析，揭示了巴基斯坦当时正在流行的 PPRV 毒株与 Iran/94、Bangladesh/94 和 India/94 在的亲缘关系上依次递减，而与 Nigeria75/1 则几乎没有关系。

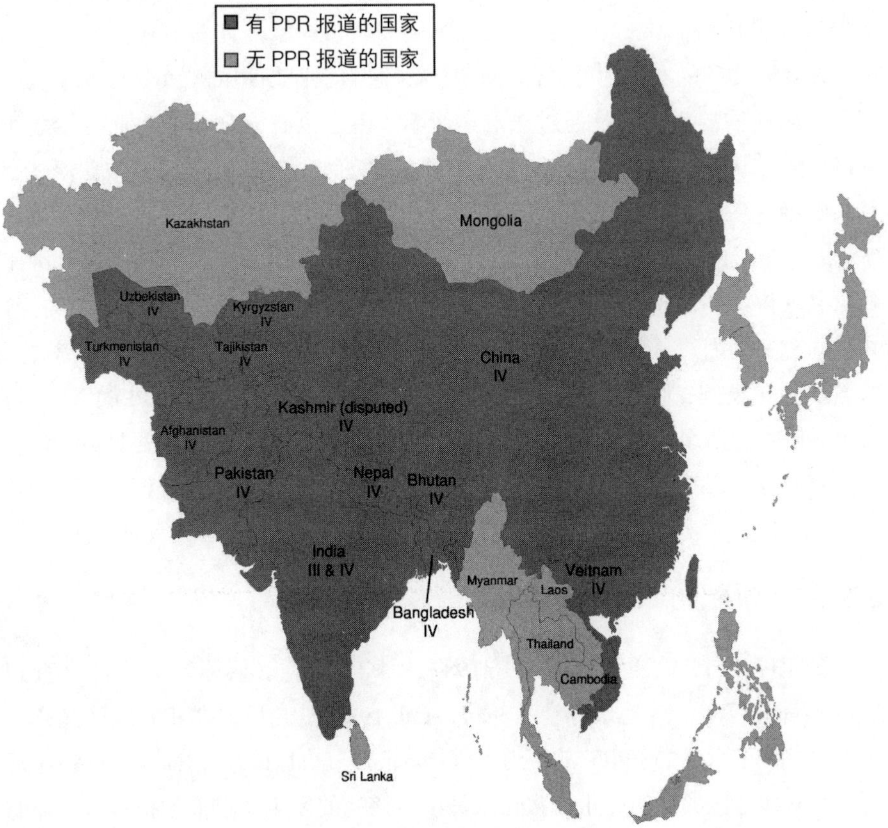

图 5.3　PPRV 在南亚的流行与分布

在接下来的几年里，随着血清学检测、牛瘟被根除的传闻和对 PPRV 意识的加强，该病在旁遮普的几个地区和政府的农场中又被报道存在（Khan et al. 2008; Abubakar et al. 2008; Munir et al. 2009）。FAO 资助的一项研究对从整个国家收集的样品进行了血清学分析（cELISA），从而做出了巨大贡献（Zahur et al. 2008）。在这项研究中，1 463 份山羊和绵羊的样品分别来自 4 个省 17 个地区 [旁遮普省（Punjab），开伯尔 - 普什图省（Khyber Pakhtunkhwa，前西北边境省），信德省（Sindh），俾路支省（Baluchistan）]，伊斯兰堡首都区

（Islamabad Capital Territory），阿扎德查谟和克什米尔地区（Azad Jammu and Kashmir, AJK），北部地区和当地阿富汗游牧民族地区。在这些选中的所有地区使用 cELISA 的血清学诊断方法检测该病，结果阳性范围从 7.1%~100%，总体阳性率达到 74.9%。因此，这项研究提供的证据表明，该病在整个国家的绵羊和山羊中流行。

在上述提到的和其他的大部分研究中，来自巴基斯坦的 PPRV 诊断要么是基于临床评估，要么就是通过血清学诊断。由于没有充分建立当前疫情之间的流行病学联系，故只有 PPRV F 基因的少数序列能够从 GenBank 中获得。而且，由于对系统发育分析的兴趣从 F 基因转变到了 N 基因，Munir 等首次基于 N 基因总结了巴基斯坦绵羊和山羊 PPRV 的特征，而且更进一步地使 F 基因序列更易获得（Munir et al. 2012b）。从这个研究报道中，可以得出这样的结论：如果基于 F 基因，从巴基斯坦分离出的 PPRV 与科威特和沙特阿拉伯分离得到的属于同一集群；而如果基于 N 基因，从巴基斯坦分离得到的 PPRV 似乎与中国、塔吉克斯坦和伊朗分离株的关系更近。尽管深入研究还需要收集来自整个国家的分离毒株的特征，但是依当前的情况来看在这个国家流行的 PPRV 是属于谱系Ⅳ。

5.3.1.2 印度

在印度，PPRV 第一次报道是 1987 年来自泰米尔纳德邦，并且一直到 1994 年都只仅限于该地区存在（Shaila et al. 1989）。之后，在相同地区又有一次单独发生于野牛的 PPRV 的报道（Govindarajan et al. 1997），而且在该病蔓延到印度其他地区的同时，也有报道在邻国有该病的发生。目前的报道已经证明在这个国家正在流行这种疫病，疫情严重的地区有塔尔沙漠（拉贾斯坦邦，印度北部的一个州）（Kataria et al. 2007）、加尔各答（印度东部的一个州）（Saha et al. 2005）、帕尔尼巴地区（卡纳塔卡邦）（Chavran et al. 2009）、印度西南地区的马哈拉施特拉（Santhosh et al. 2009）和半岛南部地区（Raghavendra et al. 2008）。

在印度有几篇关于小反刍兽 PPR 的系统分析和血清阳性率的报告（Raghavendra et al. 2008; Singh et al. 2004）。然而，一个近期的研究提供了一份关于在印度半岛南部大型反刍兽（牛和水牛）中该病的综述。对于来自牛和野牛的 2159 份样品的分析估计有 4.6% 的血清阳性率，这显示了大型反刍兽对 PPRV 的敏感性（Balamurugan et al. 2012）。

除了一个单独的关于发生于野牛的谱系Ⅲ的报道外，印度 PPR 病毒的所有特征都是属于谱系Ⅳ，分离株之间变化不显著（Dhar et al. 2002）。假设这次谱系Ⅲ的单独报道不实，并把它用谱系Ⅳ所代替（Banyard et al. 2010）。如果是这样，那么掌握那些引起 PPRV 特定谱系选择的因素和对具有地区限制的病毒进行标记具有非常重要的意义。既然来自相同地区却被报道出不止一个谱系（如来自苏丹和卡塔尔的谱系Ⅲ和谱系Ⅳ），那么上述这种假设就不太可能发生在 PPRV 的疫情中（Kwiatek et al. 2011）。

5.3.1.3 中国

在中国该病是 2007 年第一次报道有发生，当时是发生于西藏自治区（以下简称西藏）（山南地区、日喀则、那曲地区、林芝和阿里地区）的绵羊和山羊（Wang et al. 2009）。然而，据猜测，该病在西藏可能流行是因为缺乏对于该病的临床症状的认识。来自阿里地区的阳性 PPRV 样品的分子特征表明分离到的毒株都是属于被认为仅限于东南亚地区的谱系Ⅳ。完整的拓扑结构树表明这些分离株与印度和塔吉克斯坦的分离株关系密切。由于西藏地区和毗邻国家之间动物活动不受限制以及私自交易，可能使该病从邻国如印度和尼泊尔传播到了西藏（Wanget al. 2009）。最近，发生于野生岩羊的 PPRV 的特征表明这是属于谱系Ⅳ的 PPRV 的传播，它与之前分离自西藏的 PPRV 的特征相同，这也显示了野生动物在该病流行病学研究中的重要作用（Bao et al. 2011）。除了上述这些报道，再没有该病进一步蔓延的报道。

5.3.1.4 孟加拉国，尼泊尔和斯里兰卡

该病在孟加拉国首次报道的时间与它在巴基斯坦被确认的时间一致，1993 年被报道发生于迈门辛区域的黑孟加拉山羊（Islam et al. 2001）。最近，通过使用 RT-PCR 检测再一次在同一族群的黑孟加拉山羊里发现存在该病，并描述了其病理上的特征（Rahman et al. 2011）。孟加拉国分离的 PPRV 的遗传特性表明它们属于谱系Ⅳ而且与印度分离株的关系十分密切。1995 年，在尼泊尔也出现了这种疫病，而且，尼泊尔、孟加拉国和印度的分离株组成了一个与由巴基斯坦、沙特阿拉伯、科威特和伊朗的分离株组成的集群截然不同的集群（Dhar et al. 2002），这可能反映了与这两组国家之间的贸易情况有关。然而，来自这些国家的所有 PPRV 分离株都属于同一个谱系——谱系Ⅳ。斯里兰

卡没有官方的 PPRV 报道，这可能是由于它在地理位置上与邻国间无领土接壤有关。

5.3.1.5 阿富汗

尽管在与阿富汗接壤的大多数国家都有该病的报道，但是，它仍然通过定期监测本国小反刍兽密集区的 PPRV 存在情况。普遍认为该疾病在阿富汗出现的时间与在巴基斯坦记录的时间相同。就这点而言，在 1995—1996 年期间从霍斯特省收集的牛瘟血清样品中出现过 PPRV 阳性。然而，直到 2003 年才在喀布尔从农业部和 FAO 的畜牧业项目中收集到来自阿富汗北方省份的绵羊和山羊的样品。这些样品中发现了 PPRV 的血清高阳性（42/46）样品，这也支持了与 PPR 相同的动物临床表现（Martin and Larfaoui 2003）。然而，因为没有可用于 PPRV 基因组检测的临床样品，故不能排除是由于免疫导致的血清阳性的可能性。后来，据估计在阿富汗仅仅 15 个省份里的绵羊和山羊中就有 7 741 例 PPRV。此外，已经在 17 个省的 60 个村庄中应用竞争 ELISA 来检测 PPRV 的血清阳性率。收集到的包括绵羊和山羊的样品（*n*=4 048）具有高血清反应阳性率（*n*=790）（Dr. Nawroz, 未发表数据）。目前，我们已经收集到了来自放养的用于巴基斯坦古尔邦节（穆斯林宗教用动物来为神献祭）时交易的绵羊和山羊样品。基因特征表明来自阿富汗游牧民族的这些 PPRV 属于谱系Ⅳ，它们与同一时期来自巴基斯坦分离株的特征有本质上的不同（M. Munir, 未发表数据）。

5.3.1.6 哈萨克斯坦

PPR 在哈萨克斯坦第一次报道时，英国动物健康研究所分析了 1997—1998 年在前苏联解体后收集自牛、绵羊和山羊的大量样本。cELISA 检测血清反应阳性结果为牛（6/279），绵羊（3/542），山羊（1/137）（Lundervold et al. 2004）。后来该病被监测和报告；然而，一直缺乏有关基因性质的信息来确定在哈萨克斯坦流行的 PPRV 的是哪个谱系，如果按照病毒的地理分布推断，可能是谱系Ⅳ。

5.3.1.7 塔吉克斯坦

在 PPR 被当作出血性败血症（一种由巴氏杆菌引起的临床症状相似的疾病）误诊并运输之后，PPR 首次在塔吉克斯坦的 3 个地区（Gharm, Farkhror and Tavildara）被报道。首先以血清学为基础应用 cELISA 进行检测，然后从基因特征方面通过对 PPRV 的 N 基因序列和系统发育分析来确认该病。拓扑树表明从塔吉克斯坦分离的 PPRV 属于谱系Ⅳ，跟预期一样，它们与来自伊朗和沙特阿拉伯当时已测序的分离株（Kwiatek et al. 2007）关系密切。然而，来自塔吉克斯坦的 PPRV 分离株特征表明塔吉克斯坦 PPRV 分离株与巴基斯坦的 PPRV 分离株关系最密切（Munir et al. 2012b）。从历史上看，这次暴发在塔吉克斯坦 Gharm 地区的山羊是从与塔吉克斯坦东部地区接壤的阿富汗和中国进口的。当时在中国和阿富汗官方并没有该病报道，但据推测 PPRV 在该地区已存在。值得注意的是，后来在 2007 年中国的一份关于 PPRV 的病例报告和特征描述揭示了中国的 PPRV 分离株最接近于塔吉克斯坦的 PPRV 分离株（Munir et al. 2012b; Wang et al. 2009）。因此有一种合理的假设就是，在中国、阿富汗、伊朗、塔吉克斯坦和其他相邻和接壤的国家的 PPRV 基因特性只有略微变化，而且可能具有共同的起源，它们都可能是来自沙特阿拉伯相同集群的一部分。

5.3.1.8 越南和不丹

通过血清学分析表明，由于与中国南部接壤，该病在越南流行的时间与中国在 2007 年报道的时间相同（Maillard et al. 2008）。在这个分析中，共统计分析了 283 份山羊、63 份牛和 22 份水牛的数据，发现血清阳性率处在一个相对较低的水平（分别是 3、1、1）。但在取样前和此次分析后一年都没有临床病例发生。然而，一年后再次进行 cELISA 检测时，这些动物仍然保持着血清学阳性。结论就是家养动物和野生动物共存于同一个生态系统中存在生物多样性保护，并使病原体和宿主间建立了相互适应的平衡。这就使这一代产生了对该病原体的基因遗传抗性。这些流行病毒的遗传特性是否能够被适应并足以产生免疫原性而不产生致病性，以及能否作为降低病毒毒力但保持免疫原性的起源的模型，这些问题尚有待探讨。最近，在不丹提交给地区参考实验室的材料已经证实了 PPRV 的存在，而且这些分离株属于 PPRV 的谱系Ⅳ（Banyard et al. 2010）。

5.3.2 小反刍兽疫病毒在中东的分布

大多数中东国家有报道存在 PPRV（图 5.4）。下面对每个国家 PPRV 的流行情况进行详细讨论。

5.3.2.1 伊拉克

该病在邻国出现并被关注了好几年，1998 年伊拉克也向 OIE 和 FAO 报告了 PPR 的存在（FAO，2003）。在 1999 年该病开始暴发期间，Dr. Samir Hafez 和 Dr. Adama Diallo 已经开始在 12 个省进行大规模免疫，并努力加强兽医的诊断能力。官方报告表明该病 2000 年在绵羊中发生并造成了高死亡率（Barhoom et al. 2000）。最近，在野山羊（Capraaegagrus）中发生大规模暴发，并在短短 7 个月时间死亡 762 只（354 只公羊，408 只母羊）。德国 Friedrich-Loeffler 研

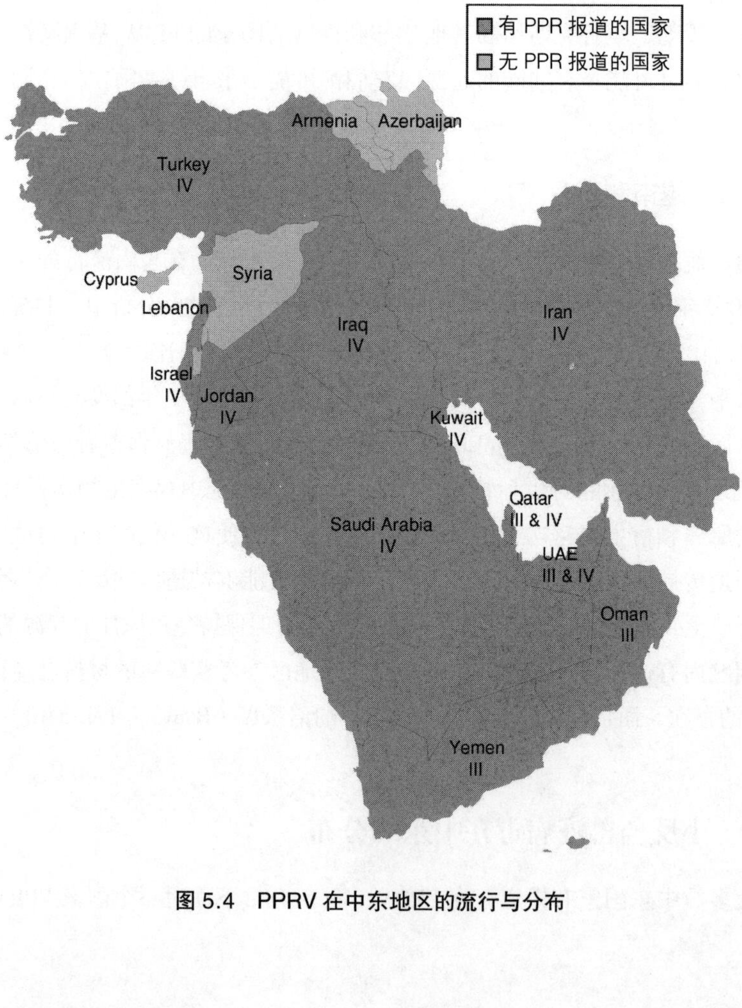

图 5.4 PPRV 在中东地区的流行与分布

究机构对分离株的遗传特征描述表明它们属于 PPRV 谱系Ⅳ，且与土耳其分离株的关系密切（Hoffmann et al. 2012）。另外，这种病仅发生于野生动物，且不能引起家养动物发病，这可能是由于疫苗接种阻止了该病毒的蔓延传播。

5.3.2.2 伊朗

根据临床、病理和血清学的历史文件，很明显在伊朗 PPR 可以追溯到 1995 年，当时伊朗的伊拉姆省发生了一起特殊的病例（Radostits et al. 2000）。在此之后 10 年间（1995—2004 年）在大部分省份都有该病的报道。在此期间，有大约 1433 个羊群受到影响，其中在 Gom 省该病的发生是最严重的（有 283 个羊群受影响），而 Semnan 省是疫情最轻的（仅 3 个羊群受到影响）（Bazarghani et al. 2006）。后来的研究表明伊朗 PPRV 分离株属于谱系Ⅳ，与巴基斯坦、沙特阿拉伯、塔吉克斯坦和中国的 PPRV 分离株的关系密切（Esmaelizad et al. 2011; Kwiatek et al. 2007; Munir et al. 2012b）。

5.3.2.3 以色列

在以色列，PPRV 是在 20 世纪 90 年代被诊断出（Perl et al. 1994）的；而且分子分型表明以色列的 PPRV 毒株与土耳其分离株（Israel/95）关系较近，或者说它可以被认为是一个单独的亚群（Israel/98）（Banyard et al. 2010; Munir et al. 2012a, b, c）。

5.3.2.4 沙特阿拉伯

沙特阿拉伯存在 PPRV 的临床和血清学证据可追溯到 20 世纪 80 年代，当时该病分别在 1980 年和 1987 年的绵羊和野生反刍兽（鹿和瞪羚）中发生（Asmar et al. 1980; Hafez et al.1987）。病毒的遗传特性并不确定，而且直到 1990 年，在该国东部 Al-Ahsa 绿洲的一只感染山羊中成功分离到第一个 PPRV 病毒分离株（Abu Elzein et al. 1990）。在整个 80 年代及以后都有该病被发现。2002 年年初，在沙特阿拉伯东部地区的 Al-Hasa 省，该病同时在绵羊和山羊中发生，且死亡率达到 100%。通过琼脂糖凝胶免疫扩散试验、病毒中和试验和荧光抗体检测试验证实了该病是由 PPRV 引起的（Housawi et al. 2004）。

最近，确定了在沙特阿拉伯中心区域的 10 个省份收集的来自 2005 年 9

月至 2006 年 3 月的样本的血清阳性率，揭示了在绵羊和山羊中 PPRV 的高发病率，其中绵羊（363/992=36.59%），山羊（530/962=55.09%）（Al-Dubaib 2008）。将牛和骆驼与血清反应为阳性的小反刍动物一起放牧，然后用 cELISA 方法检测，发现 PPRV 抗体反应结果为阴性，消除了骆驼在该病传播中的作用，这与预期结果一致（Roger et al. 2001b）。该分离株的遗传特性表明这些集群与属于谱系Ⅳ的巴基斯坦，伊朗和一些中国和塔吉克斯坦分离株关系密切（Kwiatek et al. 2007）。

5.3.2.5 阿曼苏丹国和也门

非洲以外 PPRV 的第一次报道就是在阿曼苏丹国，在 1978 年进行了一次全国范围的调查（Hedger et al. 1980）。几年后，Taylor 等（1990）在 4 个地区（Batina coast, Oman interior, Sharqiyah and Salalah）的绵羊和山羊中进行了 PPRV 的流行病学研究，并检测出血清学阳性率分别为 26.5%、32.8%、24.5% 和 4.8%。此外，他们在基础血清学以及 RPV 和 PPRV 的鉴别诊断方面做出了巨大贡献，这都是当时在该区域断断续续观察到的（Taylor et al. 1990）。基于 PAGE 流动模型，他们发现阿曼 PPRV 分离株展示的是一种与非洲 PPRV 分离株截然不同的模式，这种模式也可见于两种类型病毒的病毒中和能力中。从这些观察结果推测非洲和阿曼的 PPRV 分离株可能是由于来自同一起源的病毒——牛瘟病毒的长期物理隔离而导致它们独立进化而来的。后来，N 基因和 F 基因的系统发育分析表明阿曼分离株属于谱系Ⅲ，这也体现了其与来自阿拉伯联合酋长国（UAE）PPRV 分离株的特征具有高度一致性（Kwiatek et al. 2011）。在阿拉伯半岛最南端地区的也门，自第一次确诊后谱系Ⅲ就一直流行至今（Dhar et al. 2002）。虽然也门和阿曼与沙特阿拉伯（在此分离出 PPRV 谱系Ⅳ）较近，但却没有一个国家有谱系Ⅳ流行的报道（Banyard et al. 2010）。

5.3.2.6 阿拉伯联合酋长国

1983 年年底，Furley 等人报告在多种动物物种中确认了 PPRV 的存在，包括瞪羚（Gazellinae）、野山羊和绵羊（Caprinae）、大羚羊（Hippotraginae）以及蓝牛羚（Tragelaphinae）(Furley et al. 1987）。此外，该报告定义了在动物学样本采集中 PPRV 的宿主范围，也对该病毒的高传染性本质的认识做出了巨大贡献。与此同时，有一项研究试图描述从 1987—1989 年阿联酋 Al-Ain 地区类 PPR 疾病的发病率，调查的牲畜约占整个国家牲畜总数的 1/3。研究发现在 1987 年、1988 年和 1989 年的暴发次数分别至少有 4、15 和 22 次，每年的 7 月份一直是疫病暴发最显著的时期（Moustafa 1993）。1999—2001 年，从 8 个圈养和一个放养的阿拉伯大羚羊群（Oryxleucoryx）中采集了 294 份血清的一项调查显示在阿联酋无 PPRV 的迹象。分子特性描述揭示了在 20 世纪 80 年代的病毒分离株属于 PPRV 谱系Ⅲ。然而，近期 Kinne 等人开展的一次针对阿拉伯野生动物物种的研究表明来自这些动物的 PPRV 特征属于谱系Ⅳ，而且与近期来自中国的一个毒株特征关系密切，但是，却与源自 1999 年和 2002 年来自沙特阿拉伯瞪羚的谱系Ⅳ毒株截然不同。此外，它与来自 1986 年阿联酋的一种小鹿瞪羚的谱系Ⅲ毒株无关（Kinne et al. 2010）。尽管这种新的毒株的起源仍然难以确定，但是据推测认为可能的感染源是来自亚洲进口到阿联酋或阿拉伯半岛其他国家的已感染的家畜或野生小反刍兽（Kinne et al. 2010）。

5.3.2.7　卡塔尔

与阿联酋类似，在 2010 年来自卡塔尔的毒株具有谱系Ⅲ和谱系Ⅳ的双重特征。最近，在野生鹿群中确诊有 PPRV 存在，这解释了该病的流行病学在野生生物中的关键作用 [C.Oura 在（Banyard et al. 2010）中未发表的数据描述的]。在卡塔尔 PPRV 的发病率相比于其他邻国较低，这可能是由于其独特的地理位置的原因。

5.3.2.8　黎巴嫩

尽管在贝卡和黎巴嫩南部地区（Hemrmel、Baalbeck、Tyre 和 Saida 地区）的确有 PPRV 流行的临床证据，但是该病仅在最近才开始血清学监测。Hilan 等人进行了一项检测从 20 个地区收集 2 205 份山羊血清和 1 300 份绵羊血清的研究，结果山羊和绵羊的血清阳性率分别为 52.0% 和 61.5%。此外，研究还发现奶牛的血清阳性率为 5.72%（Hilan et al. 2006）。还发现在黎巴嫩被检测的 4 个地区中受影响最严重的就是贝卡和黎巴嫩南部。后来，Attieh 报道了在黎巴嫩的血清阳性率上升到了 48.6%（Attieh 2007）。

5.3.2.9　科威特

科威特报道的 PPRV（Kuwait/99）属于谱系Ⅳ，且与 1994 年来自沙特阿拉伯的 PPRV 分离株关系密切。Dhar 等人的一项研究揭示了巴基斯坦、沙特阿拉伯、科威特和伊朗的 PPRV 毒株之间一个有趣的关系，这些国家的 PPRV 一起组成了一个集群，而且它们有别于来自印度、尼泊尔和孟加拉国的 PPRV 分离株组成的集群。在此基础上得出的结论是，很有可能在这些西亚国家流行的相同的病毒和它们有一个共同的起源（Dhar et al. 2002）。

5.3.2.10 土耳其

在土耳其，PPRV 第一次报道是在 1999 年 9 月，当时是在安纳托利亚东部埃拉泽省有山羊死于该病毒（EMPRES 2000）。这是土耳其向 OIE 报道 PPR 的第一次暴发；然而，有人认为该病在这之前可能就已经存在了（Alcigir et al. 1996; Tatar 1998）。后来，在 2002 年 7 月至 2003 年 9 月土耳其西部马尔马拉地区接近布尔萨市的 7 个村庄都暴发了该病。这项研究的临床和分子研究发现 PPR 存在于靠近欧洲的安纳托利亚西部的布尔萨省（Yesilbag et al. 2005）。后来，也有一些研究报道在土耳其的其他地区存在该病。仅在 2005 年，整个土耳其就记录有 78 处暴发，该病被强制检疫和免疫以防其进一步的蔓延传播。在 2007 年，Kul 等人在安纳托利亚中心地区 Kirikkale 省报道了 PPRV 病例，并提供了证据表明在土耳其中部存在该病（Kul et al. 2007）。Albayrak 和 Alkan 的报告认为 PPRV 流行于土耳其黑海区域的中部和东部（Albayrak and Alkan 2009）。总的来说，疫情在安纳托利亚（土耳其亚洲部分）和色雷斯（土耳其欧洲部分）这两个地区都有发生。分子分型表明土耳其 PPRV 分离株属于谱系Ⅳ。

5.3.3 小反刍兽疫病毒在非洲西部的分布

西非由非洲大陆最西部的 16 个国家组成，面积大约有 500 万平方公里。除了英国海外领土和大南西洋岛屿外，包括的国家有贝宁、布基纳法索、佛得角、科特迪瓦、冈比亚、加纳、几内亚、几内亚比绍、利比里亚、马里、毛里塔尼亚、尼日尔、尼日利亚、塞内加尔、塞拉利昂和多哥。PPRV 在西非除尼日尔、西撒哈拉和利比里亚外所有国家都有报道，在这 3 个国家中可能迄今一直都没有开展过 PPRV 调查(图 5.5)。

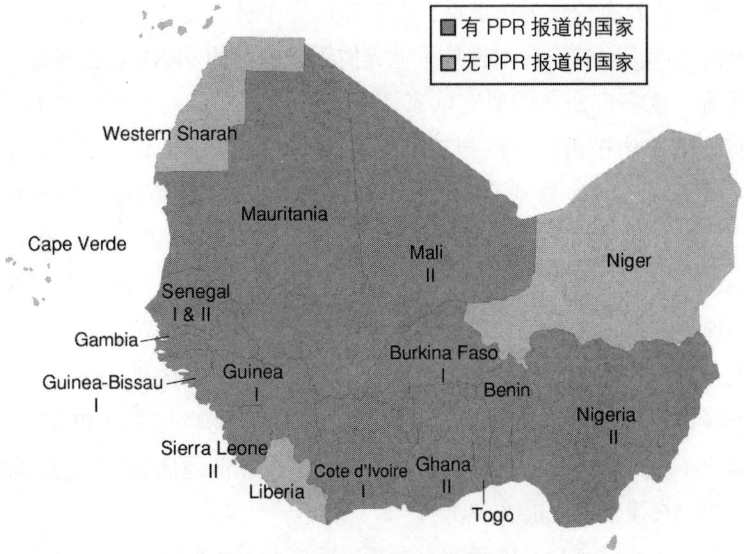

图 5.5 PPRV 在非洲西部的流行与分布

西非是 PPRV 起源的地方。最初，它是 20 世纪 40 年代早期在科特迪瓦被发现发生于绵羊和山羊中的一种严重的疾病，且不能传播给大反刍动物，因为相互接触的牛并没有出现临床症状（Gargadennec and Lalanne 1942）。人们一开始把这种病叫做蓝舌病（1940），后来又叫做溃疡性口腔炎（1941）。1942 年，因为该病与 RP 临床的相似性将它命名为“小反刍兽疫”。因为 RP 在当地也是最流行的一种疫病，且容易感染小反刍兽，血清学显示为阳性，临床症状上也难以将感染 PPRV 与 RPV 的绵羊和山羊区别开，所以当时就怀疑它是一种能感染小反刍兽的牛瘟毒株。直到 1979 年 Gibbs 和其他人将该病毒定义为 PPRV，才与 RP 区别开来（Gibbs et al. 1979）。从第一次报道该病后，西非的其他国家相继有该病的报道。1955 年年初，来自塞内加尔卡萨芒斯地区的绵羊和考克拉地区的山羊出现有 PPRV 的临床特征，这使得研究人员有机会全面了解该病的临床发病特征（Mornet et al. 1956）。

尼日利亚的第一例 PPRV 的报道可追溯到 1967 年，当时认为是山羊口炎肺肠炎复合症或口腔炎和肠炎（Hamdy and Dardiri 1976; Whitney et al. 1967; Mann et al. 1974）。对此病的大部分描述都是基于临床观察和 AGID 诊断作出的，并被认为能够区别 RPV 和 PPRV。后来在 1976 年，Hamdey 等人（1976）确定口炎肺肠炎复合症是由 PPRV 引起的（Hamdy et al. 1976）。这株尼日利亚的早期PPRV分离株作为标准株，在实验研究中被广泛使用，而且作为疫苗生产中的候选毒株。这个分离株是全世界使用最广泛的PPRV疫苗毒株。

目前，该病在西非的所有国家都有报道（表5.1）。然而，并不是所有国家都有临床发病报道；一些报道中仅有感染的血清学证据。当前的PPRV的血清学报道或核酸检测显示该病明显在西非国家中仍然盛行。2008年的布基纳法索、2010年的加纳、2007年的尼日利亚和2010年的塞内加尔都有该病的报道。尽管许多疫情并没有在分子水平上进行确认，当前整个西非正在流行的毒株是谱系Ⅰ和谱系Ⅱ的PPRV毒株。在尼日利亚绵羊、山羊和骆驼的其他病例最近也有所描述（El-Yuguda et al. 2010）。在尼日利亚的一个研究中使用血球凝集素试验检测PPRV分泌物，认为健康动物也可能是PPRV的携带者（Obidike et al. 2006）。在布基纳法索，据报道在北部地区PPRV的抗体阳性率能达到28.5%（Sow et al. 2008）。

最近，在塞拉利昂马卡尼涅克中心兽医实验室组织的一次培训任务中，收集了来自疑似PPR暴发的山羊（n=9）和绵羊（n=1）样品。通过cELISA检测血清学阳性后再利用其特有的N基因进行RT-PCR检测PPR病毒。分子特性的描述表明该分离株与来自马里、尼日利亚和加纳的病毒群聚成谱系Ⅱ，而且能够进一步被区分成两个亚群。来自塞拉利昂卡巴拉的病毒与来自马里的病毒株（Mali/99/1）关系密切，其他所有病毒与尼日利亚的（Nig/75/1，疫苗毒株）有100%的同源性（Munir et al. 2012c）。基于这项研究成果，西非国家启动了一项基于Nigeria/75/1毒株的官方疫苗接种计划。

表5.1 世界各国首次发生小反刍兽疫信息一览表

序号	国家或地区	时间	感染动物	诊断方法	参考文献
1	科特迪瓦	1942	山羊	临床症状	Gargadennec and Lalanne（1942）
2	塞内加尔	1955	绵羊、山羊	临床症状	Mornet et al.（1956）
3	尼日利亚	1967	绵羊、山羊	临床症状、血清学检测	Hamdy et al.（1976）,Whitney et al.（1967）
4	乍得	1971	山羊	临床症状	Provost et al.（1972）
5	苏丹	1971	绵羊、山羊	临床症状、血清学检测	Ali and Taylor（1984）
6	多哥	1972	绵羊、山羊	临床症状	Benazet et al.（1973）
7	贝宁	1972	绵羊、山羊	临床症状	Bourdin（1973）
8	阿曼	1978	绵羊、山羊	临床症状、血清学检测	Hedger et al.（1980）

续表

序号	国家或地区	时间	感染动物	诊断方法	参考文献
9	沙特阿拉伯	1980	绵羊、山羊	临床症状、血清学检测	Hafez et al.(1987); Asmar et al.(1980)
10	阿联酋	1983	瞪羚、巨角山羊、绵羊、南非大羚羊、蓝羚牛	临床症状、血清学检测	Furley et al.(1987)
11	印度	1987	绵羊	临床症状、血清学检测	Shaila et al.(1989)
12	埃及	1987	山羊	临床症状、血清学检测	Ismail and House(1990)
13	巴基斯坦	1991	山羊	血清学检测、核酸检测	Amjad et al.(1996)
14	以色列	1993	不详	不详	Perl et al.(1994)
15	孟加拉	1993	山羊	血清学检测、核酸检测	Islam et al.(2001)
16	埃塞俄比亚	1994	绵羊、山羊	临床症状、血清学检测	Roeder et al.(1994)
17	厄立特里亚	1994	绵羊、山羊	临床症状、血清学检测	Anonymous(1994)
18	伊朗	1995	绵羊、山羊	血清学检测	Described in Bazarghani et al.(2006)
19	阿富汗	1995*	绵羊、山羊	血清学检测	Officially described in FAO by Martin and Larfaoui(2003)
20	尼泊尔	1995	山羊	血清学检测、核酸检测	Described in Dhar et al.(2002)
21	乌干达 肯尼亚	1995 1995	山羊 山羊	临床症状、血清学检测 临床症状、血清学检测	Wamwayi et al.(1995) Wamwayi et al.(1995)
22	哈萨克斯坦	1997	牛、绵羊、山羊	血清学检测	Lundervold et al.(2004)
23	伊拉克	1998	绵羊	血清学检测	FAO(2003)
24	越南	2007—2008	山羊、牛、水牛	血清学检测	Maillard et al.(2008)
25	塔吉克斯坦	2004	绵羊、山羊	血清学检测、核酸检测	Kwiatek et al.(2007)
26	肯尼亚	2006	绵羊、山羊	临床症状、血清学检测	Anonymous(2008)
27	索马里	2006	绵羊、山羊	临床症状、血清学检测	Anonymous(2008) Nyamweya et al.(2008)
28	乌干达	2007	绵羊、山羊	临床症状、血清学检测	RO-CEA(2008)
29	中国	2007	绵羊、山羊	血清学检测、核酸检测	Wang et al.(2009)
30	摩洛哥	2008	绵羊、山羊	临床症状、血清学检测	Sanz-Alvarez et al.(2009)
31	坦桑尼亚	2008	绵羊、山羊	临床症状、血清学检测	Swai et al.(2009) FEWSNET(2008)
32	塞拉利昂	2009	绵羊、山羊	血清学检测、核酸检测	Munir et al.(2012a, b, c)
33	阿尔及利亚	2011	绵羊、山羊	临床症状、血清学检测	OIE(2011)
34	突尼斯	2011	绵羊、山羊	临床症状、血清学检测	OIE(2011)

* 自 1995 以来，本病一直在该地区流行，直到 2003 年才有关于此病暴发的官方报道。

5.3.4 小反刍兽疫病毒在非洲东部的分布

非洲东部由10个国家组成，包括坦桑尼亚、布隆迪、卢旺达、乌干达、苏丹、埃塞俄比亚、厄立特里亚、吉布提、索马里和肯尼亚（EFC EoFaC 2003）。有时将布隆迪和卢旺达认为是属于中非的一部分。PPRV在除了吉布提、布隆迪和卢旺达外的所有东非国家都有报道（图5.6），这3个国家没有PPRV可能因为从来没有调查过。在吉布提的骆驼中有非正式的PPRV报告［在（Roger et al. 2000）中描述过］，却没有更进一步的信息。

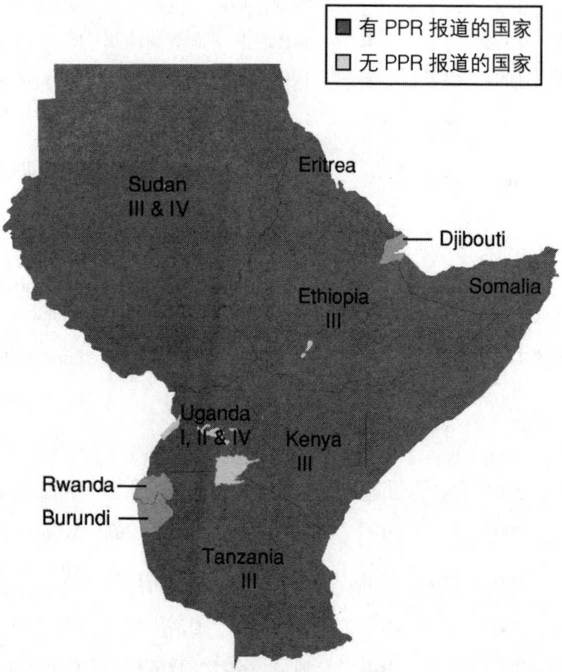

图5.6 PPRV在非洲东部的流行与分布

5.3.4.1 厄立特里亚

自1994年以来在厄立特里亚就有PPRV的报道；然而，报道中只有该病的临床描述和基于血清学的诊断，而这些都难以将PPRV与RPV区分开（Anonymous 1994）。1998年年末，在厄立特里亚的阿斯马拉东部地区有暴发过一系列该病的记录。有人使用抗 PPRV 单克隆抗体的荧光抗体检测技术（IFA）证实了存在于结膜上皮细胞中的病毒抗原。此外，在使用吉姆萨染色的结膜涂片上发现了合胞体（麻疹病毒属感染的标记）(Sumption et al. 1998)。

5.3.4.2 乌干达

乌干达在 1995 年报道通过血清学检测到 PPRV。在 2007 年 3 月，乌干达农业部畜牧业和渔业部门（MAAIF）官方记录了第一次 PPRV 的暴发。据估计卡拉莫贾地区有 17% 的山羊和绵羊感染了 PPR，由于该病对养殖户和小反刍兽行业能够造成严重的经济损失，因此，对小反刍兽构成了严重威胁。第二年（2008 年 8 月），FAO 对 700 000 只山羊和绵羊进行了 PPRV 强制免疫来避免该病造成的乌干达食物和营养短缺问题（RO-CEA 2008）。同一组研究者在同一区域的两项研究中都报告了在乌干达的几个地区（莫洛托、纳卡皮里皮里特区、阿比姆和科蒂多）PPRV 的血清学阳性率能达到 57.6%（Mulindwa et al. 2011; Luka et al. 2011）。在另一份报告中显示已接种疫苗、未接种疫苗或未知是否接种疫苗的地区 PPRV 血清学阳性率分别是 55.3%（84/152）、11.7%（2/17）和 53.3%（80/150）。最近，对 2007—2008 年间疑似发病的卡拉莫贾地区的绵羊和山羊中收集的血液样品和眼鼻病料中进行了基因分析。有趣的是，PPRV F 基因的系统发育分析显示一些分离株（Ugn/14/09；Ugn/16/09；Ugn/18/09）与尼日利亚的序列一起组成了谱系 Ⅰ，另外两个分离株（Ugn/LF1/07；Ugn/LF3/09）与科特迪瓦（ICV/86）分离株一起组成谱系 Ⅱ，还有一个分离株（Ugn/FF/09）与亚洲分离株一起组成谱系 Ⅳ。这些发现表明，西非和亚洲谱系的变异毒株正在乌干达的卡拉莫贾地区流行。推测可能是由于周边国家的小反刍兽活动不受控制，造成了乌干达有多种非洲谱系在本国流行（Luka et al. 2012）。

5.3.4.3 苏丹

最初，由于 PPR 与 RP 具有交叉反应性且 RP 血清能够中和该疑似病毒，故认为 1971—1972 年在 Gedarif 南部（苏丹东部）的 3 个地区发现的疫病是伪牛瘟（Hag and Ali 1973）。后来从相同样品中分离出了病毒株且它具有能够导致绵羊和山羊发病的能力，确定了这种病原体就是 PPRV（Hag et al. 1984）。1971—1972 年在苏丹中心区域的森纳尔州地区（Rasheed 1992）、1972 年在苏丹西部的 Mieliq 地区的山羊和绵羊中分别都有该病的报道（Hassan et al. 1994）。这些报道之后，该病在苏丹一直流行，就像来自喀土穆州在山羊和绵羊中对该病的描述一样（Zeidan 1994; El Aminand Hassan 1998），在 2000—2002 年 PPRV 在苏丹的不同地区 [杰济拉州、白尼罗河州（中部）、喀土穆州、北科尔多凡州（西部）、尼罗河州（北部）] 都有暴发（Intisar 2002）。2002—2005 年的一个血清学调查结果表明该病在科尔多凡州和达尔富尔州的流行率分别为 70% 和 52.5%（Intisar et al. 2007）。在苏丹除了其他的 PPRV 报告外，Khalafalla 等人（2010）的报告也做出了一个重要的贡献，就是他们当时从骆驼中分离出了该病毒株。发病严重的动物的主要特征是疝痛、呼吸困难、出血性腹泻和流产（Khalafalla et al. 2010），这与 1995—1996 年在埃塞俄比亚报道的病例的症状类似（Roger et al. 2001a）。

为了解 PPRV 在小反刍兽和骆驼中的流行现状，Saeed 等人（2010）对收集自苏丹不同地区（葛土木、杰济拉、坦布、尼罗河、科尔多凡、白尼罗河、青尼罗河、捷达瑞夫、卡萨拉、哈尔夫和 苏丹港）的绵羊（n=500）、骆驼（n=392）和山羊（n=306）的 1198 份血清样品进行分析。用 cELISA 检测 PPRV 特异抗体的结果表明这种疫病在绵羊、山羊和骆驼中的流行率分别为 67.2%、55.6%、0.3%（Saeed et al. 2010）。曾经认为苏丹最可能流行的 PPRV 类型是谱系Ⅲ（El Hag Ali and Taylor 1984）。而最近的研究与预期不同，表明自 2000—2009 年的 PPRV 分离株大部分属于谱系Ⅳ，只有非常少的属于谱系Ⅲ。N 基因和 F 基因的基因特征表明亚洲谱系Ⅳ正传播到非洲并在蔓延，而非洲普遍流行的谱系Ⅲ在苏丹大幅减少。总的来说，苏丹的 PPRV 分离株可以分为两个亚型，一个来自沙特阿拉伯，另一个来自非洲中部（Kwiatek et al. 2011）。

5.3.4.4 坦桑尼亚

尽管坦桑尼亚邻国都有 PPRV 分子和血清学报道，但是在 1998 年一次血清学调查中没有检测到 PPRV 任何抗体，这表明在调查的那个时候 PPRV 并没有在坦桑尼亚流行（Wambura 2000）。基于 PPRV 的高传染性，后来坦桑尼亚有该病的血清学报道（Swai et al. 2009）。在这次报道中，来自位于坦桑尼亚北部的 7 个不同地区的当地管理部门（Ngorongoro, Monduli, Longido,Karatu, Mbulu, Siha and Simanjiro）对绵羊和山羊进行了血清学调查，因为这些地区与在之前报道有小反刍兽死于 PPR 的肯尼亚南部接壤（FEWSNET 2008）。对

657 份绵羊血清和 892 份山羊血清使用 cELISA 检测的结果表明有较高的血清阳性率（45.8%）（Swai et al. 2009）。这证实了在这个国家疫情正在威胁超过 1 350 万只山羊和 350 万只绵羊。后来，Kivaria 等人为了确定在坦桑尼亚绵羊和山羊中突发感染 PPRV 的血清阳性率、分布、分离株和临床特征开展了一项研究。研究调查了来自 7 个地区 48 个村庄的小反刍兽的总共 1 546 份血清样品。结果发现 PPRV 感染的患病率各不相同（范围从 0.0~14.00%），而且山羊的患病率（50%）高于绵羊的患病率（40%）。整体的 PPRV 抗体反应性为 45.0%（Kivaria et al. 2009）。对来自姆特瓦拉的 Tandahimba 地区的 PPR 病例的初步诊断表明了在姆特瓦拉有 PPR 的存在（Girald Misinzo, Sokoine University of Agriculture, Tanzania, personal communication）。基于这些报道，FAO-EMPRESS 发出警告在坦桑尼亚南部疑似有 PPR 疫情的暴发。

尽管一直缺乏坦桑尼亚 PPRV 基因组成的全面信息，但对来自坦桑尼亚的绵羊血液和组织样品的 PPRV 特征分析显示该分离株属于谱系Ⅲ，与来自非洲东部和中东地区的 PPRV 分离株关系密切。因此，该病的传染源最可能来自非洲东部地区某一个邻国（Kivaria et al. 2009）。在坦桑尼亚南部区域存在的 PPR 疫情进一步向南蔓延，对非洲南部发展共同体（SADC）的全部 15 个国家构成威胁。因此，在坦桑尼亚北部一半区域启动和实施了紧急疫苗接种计划。此外，FAO 建议在该地区毗邻的马拉维、莫桑比克和赞比亚也应该进行疫苗接种。他们还建议这些国家要进一步加强对该病的警惕并主动开展疫病监测工作（FAO 2010）。

5.3.4.5　肯尼亚

肯尼亚也在最近证实了有 PPRV 的存在。2006 年在肯尼亚图尔卡纳地区的 Oropoi 和洛基力吉欧分别出现过一起类似 PPR 的病例。这个报道之后，紧接着在肯尼亚北裂谷地区的其他 16 个地区也出现了该病，其中西桑布鲁、东桑布鲁、波克特、Marakwet, 巴林戈和 Keiyo 这几个地区影响最为严重。此后该病对肯尼亚东北部、东部和沿海省份的 46 个地区的畜牧业造成了影响（Nyamweya et al. 2008）。PPRV 的这些报道因为涉及食品安全的问题，因此，对当地的社会经济造成了严重的影响，也对当地居民的生计造成了负面影响。2008 年，IRIN 报道了一起发生在肯尼亚西北部图尔卡纳地区的严重 PPRV 疫情，仅仅 3 个月的时间，在一个 800 只羊群里就有 300 只山羊死亡（IRIN

2008）。当时肯尼亚的一个社区领导 Morris Lichokwe 说："小反刍兽疫已经给我们带来了灾难性的影响"。

在 2006—2008 年，在肯尼亚的 16 个区中有超过 500 万只动物受到影响，有 250 万只动物死于 PPRV（Anonymous 2008）。在这个常年干旱和宗族冲突不断的地区，PPRV 造成的损失是毁灭性的，因此，肯尼亚开始利用疫苗接种和检疫来阻止 PPRV 的继续传播。然而资金不足，疫苗库存有限，配合实施疫苗接种计划的专业工作人员缺乏，部落冲突，干旱和牧民流动性大这些问题都给这项计划实施带来更多的困难（Anonymous 2008）。在肯尼亚目前尚不清楚 PPRV 流行毒的遗传特性；然而，由于在其他邻国中有谱系Ⅲ存在的历史，因此很有可能肯尼亚流行的 PPRV 毒株属于谱系Ⅲ。

5.3.4.6 索马里

在索马里的希兰中部、谢贝利中部和加勒古杜德州地区是最先报道该病的地区，发生的时间与肯尼亚相同（2006 年期间）（Nyamweya et al. 2008；Anonymous 2008）。由于这是首次报道，在索马里动物卫生服务项目（SAHSP）和畜牧部门共同努力下疫情很快得到控制，希兰的林业和牧业部门为该病的确诊做出了巨大贡献。基于跟踪研究，他们得出结论，由于索马里的地理位置特殊，限制了该病的暴发，索马里其他部分地区仍然无 PPRV。此外，在 SAHSP，国际合作组织（COOPI）和瑞士无国界兽医（VSF-S）的通力协助下，他们建议大范围接种疫苗来控制疫病向周边传播。

5.3.4.7 埃塞俄比亚

埃塞俄比亚第一起临床疑似 PPR 病例发生在 1977 年毗邻埃塞俄比亚东部的 Afar 地区的一个山羊群中（Pegram and Tereke 1981）。直到 1984 年 Taylor（1984）才在临床上发现了该病，并提供了血清学证据。后来，在亚的斯亚贝巴南部地区有一个山羊群中 60% 山羊都死于该病，Roeder 等人（1994）才第一次证实了该病的存在。他们利用 AGID 做出了初步诊断，然后用针对 PPRV N 蛋白的特异 cDNA 探针进行了分析，最终通过 cELISA 得以确认。研究人员基于这些结果，并根据这些所有的试验做出了预测，结论是这种高死亡率是由 PPRV 导致的，而非 RPV。因为当时 RPV 主要在牛中流行（Roeder et al. 1994）。对选定城市中 PPRV 的情况作了进一步的评估分析，Roger 和 Bereket

（CIRAD-EMVT report n_96006, Montpellier,1996）分别在绵羊和山羊中报道其血清阳性率为 33% 和 67%。随后血清学报告给出了埃塞俄比亚 PPRV 的一些暴发频率和分布（Gelagay 1996; Abraham et al. 2005）。20 世纪 90 年代后期该病毒已经在埃塞俄比亚小反刍兽中广泛流行，如果不加以控制，PPR 可能将会变成对这个国家畜牧业经济影响最大的威胁之一（Gopilo 2005）。目前，Waret-Szkuta 等人基于来自小反刍兽的 13 651 份血清样品检测的结果表明在埃塞俄比亚 PPRV 流行非常多变，而且在地区和 weredas（由自治街坊联合会或 *got* 聚集形成的农会组织组成，一个 got 包括 3~5 个村庄）之间有很大区别（Waret-Szkuta et al. 2008）。

直到 1992 年，PPRV 才被认清只感染小反刍兽。后来一些报告称在骆驼上监测到 PPRV 抗体，这为 PPRV 能够感染骆驼提供了证据（Ismail et al. 1992; Haroun et al. 2002; Abraham et al. 2005; Albayrak and Gur 2010）。埃塞俄比亚首次报道证实骆驼能感染 PPRV，它能导致高发病率低死亡率的高传染性呼吸道综合征（Roger et al. 2001b）。埃塞俄比亚 PPRV 分离株的遗传类型表明它们属于谱系Ⅲ。对骆驼的监控证实在苏丹东部的卡萨拉（2004）、苏丹北部的阿特巴拉河（2005）和苏丹的坦不蓝尼罗河地区（2007）（Khalafalla et al. 2010）存在连续暴发的现象。这些分离株的基因型与来自相同地区的绵羊和山羊的病毒分离株关系密切。这为骆驼可能在非洲北部地区之间在该病的传播中充当桥梁作用提供了线索，而且对骆驼源毒株谱系Ⅳ的传播起积极的作用。就如摩洛哥发生的那样。然而，这样的解释还需缜密的研究才能证实。此外，骆驼在该病的流行病学研究中的作用仍然有待确定。

5.3.5 小反刍兽疫病毒在非洲中部的分布

非洲中部的国家包括安哥拉、喀麦隆、中非共和国、乍得、刚果共和国、刚果民主共和国、赤道几内亚、加蓬、圣多美和普林西比。来自非洲中部国家的大部分报道都是基于临床评估或血清学诊断（图 5.7）。这些报告证明 1999 年、2005 年和 2006 年在中非共和国，2006 年在刚果民主共和国，1999 年和 2006 年在乍得，最近在喀麦隆（Awa et al. 2002）以及 2007 年在加蓬都有该病存在（Banyard et al. 2010）。乍得第一次报道 PPRV 可追溯至 20 世纪 80 年代（Provost et al. 1972）。1993 年年初，在 Sahelian 山羊中使用 ELISA 检测结果为

34% 的患病率，而且此分离病毒被用于山羊的实验接种。AGID 和 ELISAs 等血清学方法被应用于接种羊群对该病的易感性的检测（Bidjeh et al. 1995）。尽管非洲中部国家流行的 PPRV 病毒的基因型尚未确定，由于谱系Ⅳ在中非流行，推测非洲中部国家流行的谱系也是Ⅳ型（Banyard et al. 2010）。

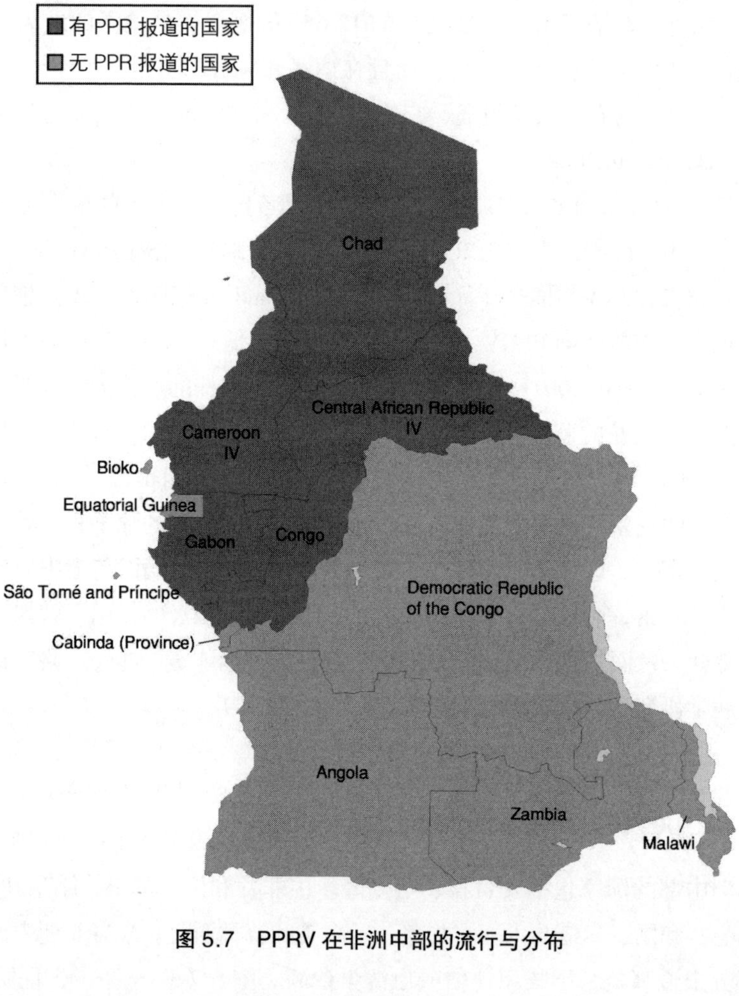

图 5.7　PPRV 在非洲中部的流行与分布

5.3.6　小反刍兽疫病毒在非洲北部的分布

根据联合国的定义，在地理上北非包括阿尔及利亚、埃及、利比亚、摩洛哥、突尼斯、苏丹和西撒哈拉。最后两个国家也被认为是西非的一部分，与阿尔及利亚、摩洛哥、突尼斯、毛里塔尼亚一起被称为马格利布。北非还包括一些西班牙和葡萄牙的岛屿。埃及由于西奈半岛（位于亚洲）而成为一个横跨亚非大陆的国家，因此北非的位置变得特殊。此外，北非由于有撒哈拉沙漠形成的有效屏障而在历史和生态上变得特殊，这个地理位置在疫病生态学上被认为具有关键作用。在北非的国家中，PPRV 已经在埃及、摩洛哥、阿尔及利亚和突尼斯有过报道，利比亚至今没有该病的报道（图 5.8）。

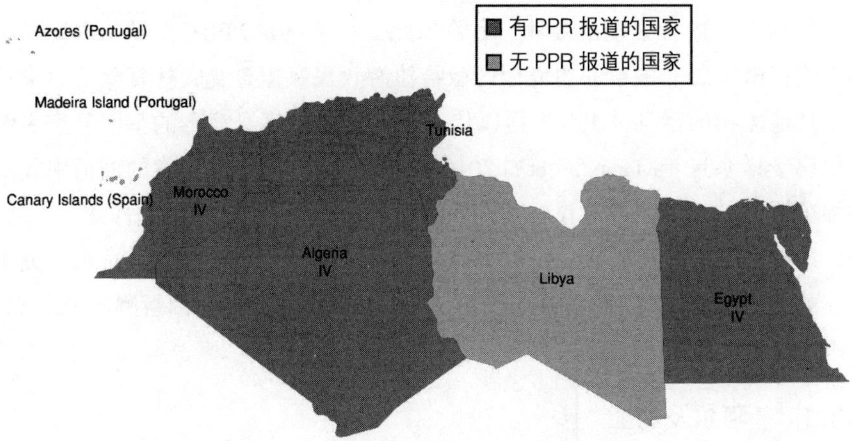

图 5.8 PPRV 在非洲北部的流行与分布

5.3.6.1 埃及

埃及在 1987 年于第一次报道 PPRV。当时认为山羊患了类牛瘟的疫病，它引起高死亡率（30%）和发病率（90%）（Ismail and House 1990）。此次疫情报道后，这群山羊被隔离，埃及 PPRV 毒株（Egypt 87 株）又感染埃及山羊和 Boscat 兔。尽管该病不是通过接触传播的，但是该病毒引起了轻微临床症状，并能检测出中和抗体（Ismail et al. 1990）。El-Hakim（2006）开展的一项研究表明该病仍然在阿斯旺省流行，一些山羊表现出严重临床症状，另外一些无症状（El-Hakim 2006）。PPRV F 基因遗传特性分析表明埃及毒株属于谱系Ⅳ，与最近在土耳其的 PPRV 分离株的关系密切。

5.3.6.2 摩洛哥

摩洛哥暴发的 PPRV 提高了人们对该病严重性的关注，因为此次疫情表明 PPRV 在埃及（由于横贯亚非大陆的特殊位置）和北非其他国家的传播完全畅通无阻。摩洛哥第一次暴发 PPRV 是在 2008 年 6 月 12 日，发生在穆莱雅各布（Moulay Yacoub），Ain Chkef 村，这里靠近 Fés（Sanz–Alvarez et al. 2009）。2008 年 7 月 23 日 OIE 证实，这些疫情的暴发是由 PPRV 导致的。一直到 8 月份全国有多起 PPRV 疫情，包括摩洛哥和阿尔及利亚边境的报道。总的来说，摩洛哥 61 个省就有 36 个省发生疫情，共有 257 次疫情记录。由于这种毁灭性的 PPRV 冲击波，全国执行大规模的疫苗接种计划，大约 2 060 万只摩洛哥绵羊和山羊进行了疫苗接种。尽管如此，在摩洛哥 PPRV 暴发的根源没有被消除，由于北非国家的边境地区撒哈拉游牧民频繁迁徙，怀疑除了感染动物，其他生物的活动使 PPRV 得以传入。后来对摩洛哥病毒的基因分型表明它们属于谱系Ⅳ（Khalafalla et al.2010）。最近，对 2008 年暴发的疫情中收集的绵羊样品分析表明谱系Ⅳ的确在摩洛哥存在，它与沙特阿拉伯毒株关系密切，只有 4 个核苷酸差异（Kwiatek et al. 2011）。最近，Mikael Baron 的研究小组在英国动物健康研究所完成了摩洛哥 PPRV 分离株的全基因组测序工作（S. Paridapersonal communication）。

5.3.6.3 阿尔及利亚

尽管在 2008 年摩洛哥和阿尔及利亚边境已经确定存在 PPRV 阳性的小反刍兽，直到近期阿尔及利亚官方才首次公布了血清学证据。在 2011 年 OIE 官方首次报告 PPRV 之前，2005 年和 2008 年间在阿尔及利亚西部发现血清学阳性的小反刍兽［Broglia 等人未公布的数据，该描述来自（De Nardi et al. 2012）］。2011 年 2 月，在阿尔及利亚西南地区的 5 个省（纳马、比沙、阿德拉、塔曼拉塞特和廷杜夫）暴发 7 起亚临床疾病。这些动物通过 cELISA 检测判断为血清学阳性；RT–PCR 检测为阴性（OIE 2011a），这就不能预测病毒起源。 2010 年 5 月 De Nardi 等人（2011）在萨拉威难民营（阿尔及利亚西部）开展了一项调查，9 个采样动物中，3 个检测到 PPRV 核酸（De Nardi et al. 2012）。分子分型和系统发育分析认为它属于谱系Ⅳ，与 2008 年在摩洛哥暴发的 PPR 疫情期间的分离株关系密切。尽管这次疫情暴发的起源还不清楚。但据记载在 2009 年为了庆祝古尔邦节从毛里塔尼亚和西撒哈拉自由开放区进口了一批小反刍兽。推测动物可能是从摩洛哥或者摩洛哥南部省份直接非法进入了阿尔及利亚［Laimin Saleh，个人交流材料（De Nardi et al. 2012）］。

5.3.6.4　突尼斯

OIE 最近提供了在突尼斯有 PPRV 感染的血清学证据（OIE 2011b）。后来，从收集的来自突尼斯六个区域（比赛大、凯鲁万城、吉比利、梅德宁、纳布勒和苏塞）的 263 只绵羊和 119 只山羊的样品中通过 cELISA 检测出血清学阳性。然而，从不同区域的屠宰动物（25 只绵羊，3 只山羊）中收集的 28 份肺样品使用针对 PPR 病毒的 RT-PCR 检测为阴性（Ayari-Fakhfakh et al. 2011）。牲畜在阿尔及利亚和利比亚之间频繁活动，对利比亚构成威胁，PPRV 可能传播到该国（非洲北部唯一没有 PPRV 的国家）。有可能病毒已经出现在利比亚与其他国家的交界处，只是还不清楚。

5.4　小反刍兽疫病毒和欧洲

尽管这种疫病在非洲撒哈拉以南的地区已经流行了数十年，自 1993 年以来就在中东和南亚流行，但是它在先前无 PPR 的国家如摩洛哥暴发，这为周边邻国敲响了警钟。拥有 1 900 万只绵羊和 300 多万只山羊的阿尔及利亚极易受到与其接壤的摩洛哥的影响；血清学证据已经证明了阿尔及利亚该病的存在。

PPR 也对欧盟国家构成了严重威胁，特别是西班牙，它的地理位置特殊，拥有 2 300 万只绵羊和 300 万只山羊的易感动物（FAO 2008, September 9）。摩洛哥和西班牙历史上就存在着交易，其中绵羊和山羊是重要的交易对象。此外，随着人口的增长，这些区域对小反刍兽的需求也在增加，这样 PPRV 对整个北非构成进一步的威胁。此外，由于土耳其和欧盟一些国家之间的大量贸易，安纳托利亚（土耳其亚洲部分）和色雷斯（土耳其欧洲部分）发生疫情提高了欧洲东部国家对 PPRV 的关注。

自在摩洛哥和土耳其首次暴发疫情报道以来，欧洲和其周边关于 PPRV 的形势已经发生了巨大变化，先前无疫病区由于病毒入侵，使无免疫畜群感染，造成巨大经济损失。因此，欧洲想要成功控制该病，必须做好该病的监测工作。

5.5 结论

人们已经在确定和描述 PPRV 最好的分类系统上付出了巨大的努力。谱系Ⅳ起初被认为是亚洲 PPRV 群。最近认为谱系Ⅳ在非洲国家的流行也远远超过了其他谱系，同时在亚洲仍然是最主要的流行谱系。在先前无 PPRV 流行的国家中的大多数近期报道的 PPRV 都是属于谱系Ⅳ，这表明谱系Ⅳ是一个新的 PPRV 群，而且可能在不久的将来会取代其他谱系。

尽管首次鉴定 PPRV 是在西非，但是关于 PPRV 的起源的另一个说法就是，该病在 20 世纪 40 年代早期发生于印度，并从印度蔓延西非（Taylor and Barrett 2010）。对该病的报道进行平行对比，结果表明该病同时出现在巴基斯坦、伊朗、伊拉克和孟加拉国（1993—1998 年），这也进一步地支持了该病起源于印度次大陆的说法。

PPR 曾经被认为仅存在于非洲西部，但是后来认识到它是从赤道线蔓延到撒哈拉沙漠以及亚洲和中东。在其他附近区域，例如非洲南部和中亚，该病散播的威胁正在增加。无疫情国家暴发该病将给人民生计造成严重的后果，也会引起邻国的关注，布隆迪、卢旺达和其他非洲南部国家就处于这种风险中。目前，仍然不清楚谱系间的差别是地理原因造成的物种分化，还是不同毒株存在致病性的差异。总的来说，PPRV 在中国、土耳其、印度和巴基斯坦等较大的经济体中被认知将对了解该病的分布和生态学产生重大的影响。

（尚佑军　译；颜新敏，吴国华　校）

参考文献

Abraham G, Sintayehu A, Libeau G, Albina E, Roger F, Laekemariam Y, Abayneh D, Awoke KM (2005) Antibody seroprevalences against peste des petits ruminants (PPR) virus in camels, cattle, goats and sheep in Ethiopia. Prev Vet Med 70(1–2):51–57.

Abu Elzein EM, Hassanien MM, Al-Afaleq AI, Abd Elhadi MA, Housawi FM (1990) Isolation of peste des petits ruminants from goats in Saudi Arabia. Vet Rec 127(12):309–310.

Abubakar M, Jamal SM, Hussain M, Ali Q (2008) Incidence of peste des petits ruminants (PPR) virus in sheep and goat as detected by immuno-capture ELISA (Ic ELISA). Small Rumin Res 75(2):256–259.

Al-Dubaib MA (2008) Prevalence of peste des petits ruminants virus infection in sheep and goat farms at the central region of Saudi Arabia. Res J Vet Sci 1(1):67–70.

Albayrak H, Alkan F (2009) PPR virus infection of sheep in black sea region of Turkey: epidemiology and diagnosis by RT-PCR and virus isolation. Vet Res Commun 33:241–249.

Albayrak H, Gur S (2010) A serologic investigation for peste des petits ruminants infection in sheep, cattle and camels (Camelus dromedarius) in Aydin province, West Anatolia. Trop Anim Health Prod 42(2):151–153.

Alcigir G, Vural SA, Toplu N, kuzularda Turkiye'de (1996) Peste des petits ruminants virus enfeksiyonunun patomorfolojik ve immunohistolojik ilk tanimi. Ankara Universitesi Veteriner Fakültesi Dergisi 43:181–189.

Ali EHB, Taylor WP (1984) Isolation of peste des petits ruminants virus from the Sudan. Res Vet Sci 36(1):1–4.

Amjad H, Qamar-ul I, Forsyth M, Barrett T, Rossiter PB (1996) Peste des petits ruminants in goats in Pakistan. Vet Rec 139(5):118–119.

Anonymous (1994) Animal health yearbook 1993, Food and Agriculture Organization of the United Nations (FAO) .http://www.amazon.co.uk/Animal-Health-Yearbook-1993-Production / dp/ 9250035276. Accessed 22 May 2010.

Anonymous (2008) Kenya: conflict and drought hindering livestock disease control

Arzt J, White WR, Thomsen BV, Brown CC (2010) Agricultural diseases on the move early in the third millennium. Vet Pathol 47(1):15–27.

Asmar JA, Radwan AI, Abi Assi N, Al-Rashied A (1980) PPR-like disease in sheep of central Saudi Arabia: evidence of its immunological relation to rinderpest; prospects for a control method. Paper presented at the 4th annual meeting of the Saudi biological society, University of Riyadh Press, Riyadh, 10–13 March.

Attieh E (2007) Enquete sero-epidemiologique sur les principales maladies caprines au Liban. Ecole Nationale Veterinaire de Toulouse–ENVT. http://oataouniv-toulousefr/1812/.

Awa DN, Ngagnou A, Tefiang E, Yaya D, Njoya A (2002) Post vaccination and colostral peste des petits ruminants antibody dynamics in research flocks of Kirdi goats and Foulbe sheep of North Cameroon. Prev Vet Med 55(4):265–271.

Ayari-Fakhfakh E, Ghram A, Bouattour A, Larbi I, Gribaa-Dridi L, Kwiatek O, Bouloy M, Libeau G, Albina E, Cetre-Sossah C (2011) First serological investigation of peste-des-petitsruminants and Rift Valley fever in Tunisia. Vet J 187(3):402–404.

Balamurugan V, Krishnamoorthy P, Veeregowda BM, Sen A, Rajak KK, Bhanuprakash V, Gajendragad MR, Prabhudas K (2012) Seroprevalence of peste des petits ruminants in cattle and buffaloes from Southern Peninsular India. Trop Anim Health Prod 44(2):301–306.

Balamurugan V, Sen A, Venkatesan G, Yadav V, Bhanot V, Riyesh T, Bhanuprakash V, Singh RK (2010) Sequence and phylogenetic analyses of the structural genes of virulent isolates and vaccine strains of peste des petits ruminants virus from India. Transboundary Emerg Dis 57(5):352–364. doi:10.1111/j.1865-1682.2010.01156.x.

Banyard AC, Parida S, Batten C, Oura C, Kwiatek O, Libeau G (2010) Global distribution of peste des petits ruminants virus and prospects for improved diagnosis and control. J Gen Virol 91(Pt 12):2 885–2 897.

Bao J, Wang Z, Li L, Wu X, Sang P, Wu G, Ding G, Suo L, Liu C, Wang J, Zhao W, Li J, Qi L (2011) Detection and genetic characterization of peste des petits ruminants virus in free-living bharals (Pseudois nayaur) in Tibet, China. Res Vet Sci 90(2):238–240.

Barhoom S, Hassan W, Mohammed T (2000) Peste des petits ruminants in sheep in Iraq. Iraqi J Vet Sci 13:381–385.

Barrett T (1999) Morbillivirus infections, with special emphasis on morbilliviruses of carnivores. Vet Microbiol 69(1–2):3–13.

Bazarghani TT, Charkhkar S, Doroudi J, Bani Hassan E (2006) A review on peste des petits ruminants (PPR) with special reference to PPR in Iran. J Vet Med B Infect Dis Vet Public Health 53(Suppl 1):17–18.

Benazet BGH (1973) La peste des petits ruminants: Etude experimentale de la vaccination. C.F. Taylor WP (1984).

Bidjeh K, Bornarel P, Imadine M, Lancelot R (1995) First- time isolation of the peste des petits ruminants (PPR) virus in Chad and experimental induction of the disease. Revue d’elevage et de medecine veterinaire des pays tropicaux 48(4):295–300.

Bourdin P (1973) La peste des petits ruminants (PPE) et sa prophylaxie au Senegal et en Afrique de l'ouest. Rev Elev Med Vet Pays Trop 26(4):71a–74a.

Chavran V, Digraskar S, Bedarkar S (2009) Seromonitoring of peste des petits ruminants virus (PPR) in goats (Capra hircus) of Parbhani region of Maharastra. Vet World 2:299–300.

De Nardi M, Lamin Saleh SM, Batten C, Oura C, Di Nardo A, Rossi D (2011) First evidence of peste des petits ruminants (PPR) virus circulation in Algeria (Sahrawi Territories): outbreak investigation and virus lineage identification. Transboundary Emerg Dis 59(3):214–222.

Dhar P, Sreenivasa BP, Barrett T, Corteyn M, Singh RP, Bandyopadhyay SK (2002) Recent epidemiology of peste des petits ruminants virus (PPRV). Vet Microbiol 88(2):153–159.

Diallo A, Barrett T, Lefevre PC, Taylor WP (1987) Comparison of proteins induced in cells infected with rinderpest and peste des petits ruminants viruses. J Gen Virol 68(Pt 7):2 033– 2 038.

EFC EoFaC (2003) East Africa comprises ten countries: Tanzania, Burundi, Rwanda, Uganda, Sudan, Ethiopia, Eritrea, Djibouti, Somalia, and Kenya. Encyclopedia of Food and Culture. The Gage Group Inc.

El Amin MAG, Hassan AM (1998) The seromonitoring of rinderpest throughout Africa, phase Ⅲ results for 1998. IAEA, VINNA, Food and Agriculture Organization/International Atomic Energy Agency, Austria.

El Hag Ali B, Taylor WP (1984) Isolation of peste des petits ruminants virus from the Sudan. Res Vet Sci 36(1):1–4.

El-Hakim O (2006) An outbreak of peste des petits ruminants virus at Aswan province, Egypt: evaluation of some novel tools for diagnosis of PPR. Assiut Vet Med J 52:146–157.

El-Yuguda A, Chabiri L, Adamu F, Baba S (2010) Peste des petits ruminants virus (PPRV) infection among small ruminants slaughtered at the central abattoir, Maiduguri, Nigeria. Sahel J Vet Sci 8:51–62.

EMPRES (2000) Emergency prevention system for transboundary plant and animal pests and diseases 2000. EMPRES, 13.

Esmaelizad M, Jelokhani-Niaraki S, Kargar-Moakhar R (2011) Phylogenetic analysis of peste des petits ruminants virus (PPRV) isolated in Iran based on partial sequence data from the fusion (F) protein gene. Turkish J Biol 35:45–50.

FAO (2003) Pest des petits ruminants in Iraq. FAO corporate document repository. http://www.fao.org/DOCREP/003/X7341E/X7341e01.htm. Accessed 22 May 2010.

FAO (2010) Concerns grow about PPR in Tanzania. Vet Rec 167:804.

FAO (2008) Outbreak of 'peste des petits ruminants' in Morocco. FAO Newsroom (FAO), Italy FEWSNET (2008) Livestock disease in Kenya and Uganda worsening food insecurity, threatens to spread.

Furley CW, Taylor WP, Obi TU (1987) An outbreak of peste des petits ruminants in a zoological collection. Vet Rec 121(19):443–447.

Gargadennec L, Lalanne A (1942) La peste des petits ruminants. Bulletin des Services Zoo Technique et des Epizootie de l'Afrique Occidentale Française 5:16–21.

Gelagay A (1996) Epidemiological and serological investigation of multi-factorial ovine respiratory disease and vaccine trial on the high land of North Shewa, Debre Zeit Faculty of Veterinary Medicine, Ethiopia.

Gibbs EP, Taylor WP, Lawman MJ, Bryant J (1979) Classification of peste des petits ruminants virus as the fourth member of the genus Morbillivirus. Intervirology 11(5):268–274.

Gopilo A (2005) Epidemiology of peste des petits ruminants virus in Ethiopia and molecular studies on virulence. Institut National Polytechnique de Toulouse.

Govindarajan R, Koteeswaran A, Venugopalan AT, Shyam G, Shaouna S, Shaila MS, Ramachandran S (1997) Isolation of Pestes des Petits ruminants virus from an outbreak in Indian buffalo (Bubalus bubalis). Vet Rec 141(22):573–574.

Hafez SM, Sukayran AA, Cruz DD, Bakairi SI, Radwan AI (1987) Serological evidence for the occurrence of PPR among deer and gazelles in Saudi Arabia. Paper presented at the Symposium on the potential of wildlife conservation in Saudi Arabia, National Commission for Wildlife Conservation, Riyadh, 15–18 February.

Hag E, Ali B (1973) A natural outbreak of rinderpest involving sheep, goats and cattle in Sudan. Bull Epizoot Dis Afr 12:421–428.

Hag E, Ali B, Taylor WP (1984) The isolation of PPR from the Sudan. Res Vet Sci 36:1–4.

Hamdy FM, Dardiri AH (1976) Response of white-tailed deer to infection with peste des petits ruminants virus. J Wildl Dis 12(4):516–522.

Hamdy FM, Dardiri AH, Nduaka O, Breese SRJ, Ihemelandu EC (1976) Etiology of the stomatitis pneumcenteritis complex in Nigerian dwarf goats. Can J Comp Med 40:276–284.

Haroun M, Hajer I, Mukhtar M, Ali BE (2002) Detection of antibodies against peste des petits ruminants virus in sera of cattle, camels, sheep and goats in Sudan. Vet Res Commun 26(7):537–541.

Hassan AKM, Ali YO, Hajir BS, Fayza AO, Hadia JA (1994) Observation on epidemiology of peste des petits ruminant in Sudan. Sudan J Vet Res 13:29–34.

Hedger RS, Barnett ITR, Gray DF (1980) Some virus diseases of domestic animals in the Sultanate of Oman. Trop Anim Health Prod 12:107–114.

Hilan C, Daccache L, Khazaal K, Beaino T, Massoud E, Louis F (2006) Sero-surveillance of "peste des petits Ruminants" PPR in Lebanon. Leban Sci J 7(1):9–24.

Hoffmann B, Wiesner H, Maltzan J, Mustefa R, Eschbaumer M, Arif FA, Beer M (2012) Fatalities in wild goats in kurdistan associated with peste des petits ruminants virus. Transboundary Emerg Dis 59(2):173–176.

Housawi F, Abu Elzein E, Mohamed G, Gameel A, Al-Afaleq A, Hagazi A, Al-Bishr B (2004) Emergence of peste des petits ruminants virus in sheep and goats in Eastern Saudi Arabia. Revue d'elevage et de medecine veterinaire des pays tropicaux 57:31–34.

Intisar KS (2002) Studies on peste des petits ruminants (PPR) disease in Sudan. University of Khartoum, Sudan.

Intisar KS, Khalafalla AI, El Hassan SM, El Amin MA (2007) Detection of peste des petits ruminants (PPR) antibodies in goats and sheep in different areas of Sudan using competitive ELISA. In: Proceedings of the 12th international conference of the association of institutions for tropical veterinary medicine, Montpellier, France, p 427.

IRIN (2008) KENYA: livestock disease, high prices fuelling food insecurity. IRIN Humanitarian News and Analysis, Lodwar.

Islam MR, Shamsuddin M, Rahman MA, Das PM, Dewan ML (2001) An outbreak of peste des petits ruminants in Black Bengal goats in Mymensingh, Bangladesh. BangladeshVet18:14–19.

Ismail IM, House J (1990) Evidence of identification of peste des petits ruminants from goats in Egypt. Archiv fur experimentelle Veterinarmedizin 44(3):471–474.

Ismail IM, Mohamed F, Aly NM, Allam NM, Hassan HB, Saber MS (1990) Pathogenicity of peste des petits ruminants virus isolated from Egyptian goats in Egypt. Archiv fur experimentelle Veterinarmedizin 44(5):789–792.

Ismail TM, Hassas HB, Nawal M, Rakha GM, Abd El-Halim MM, Fatebia MM (1992) Studies on prevalence of rinderpest and peste des petits ruminants antibodies in camel sera in Egypt. Vet Med J Giza 10:49–53.

Kataria AK, Kataria N, Gahlot AK (2007) Large scale outbreak of peste des petits ruminants virus in sheep and goats in Thar desert of India. Slovenian Vet Res 44(4):123–132.

Kaukarbayevich KZ (2009) Epizootological analysis of PPR spread on African continent and in Asian countries African. J Agric Res 4(9):787–790.

Kerur N, Jhala MK, Joshi CG (2008) Genetic characterization of Indian peste des petits ruminants virus (PPRV) by sequencing and phylogenetic analysis of fusion protein and nucleoprotein gene segments. Res Vet Sci 85(1):176–183.

Khalafalla AI, Saeed IK, Ali YH, Abdurrahman MB, Kwiatek O, Libeau G, Obeida AA, Abbas Z (2010) An outbreak of peste des petits ruminants (PPR) in camels in the Sudan. Acta Trop 116(2):161–165.

Khan HA, Siddique M, Sajjad-ur R, Abubakar M, Ashraf M (2008) The detection of antibody against peste des petits ruminants virus in sheep, goats, cattle and buffaloes. Trop Anim Health Prod 40(7):521–527.

Kinne J, Kreutzer R, Kreutzer M, Wernery U, Wohlsein P (2010) Peste des petits ruminants in Arabian wildlife. Epidemiol Infect 138(8):1 211–1 214. doi:10.1017/S0950268809991592.

Kivaria FM, Kwiatek O, Kapaga AM, Geneviève L, Mpelumbe-Ngeleja CAR, Tinuga DK (2009) Serological and virological investigations on an emerging peste des petits Ruminants Virus infection in sheep and goats in Tanzania. Paper presented at the 13th East, Central and Southern African commonwealth veterinary association regional meeting and international scientific conference, Kampala, Uganda, 8–13 November.

Kul O, Kabakci N, Atmaca HT, Ozkul A (2007) Natural peste des petits ruminants virus infection: novel pathologic findings resembling other morbillivirus infections. Vet Pathol 44(4):479–486.

Kwiatek O, Ali YH, Saeed IK, Khalafalla AI, Mohamed OI, Obeida AA, Abdelrahman MB, Osman HM, Taha KM, Abbas Z, El Harrak M, Lhor Y, Diallo A, Lancelot R, Albina E,

Libeau G (2011) Asian lineage of peste des petits ruminants virus, Africa. Emerg Infect Dis 17(7):1223–1231.

Kwiatek O, Minet C, Grillet C, Hurard C, Carlsson E, Karimov B, Albina E, Diallo A, Libeau G (2007)Peste des petits ruminants(PPR)outbreak in Tajikistan.J Comp Pathol136(2–3):111–119.

Libeau G, Diallo A, Calvez D, Lefevre PC (1992) A competitive ELISA using anti-N monoclonal antibodies for specific detection of rinderpest antibodies in cattle and small ruminants. Vet Microbiol 31(2–3):147–160.

Luka PD, Erume J, Mwiine FN, Ayebazibwe C (2011) Seroprevalence of peste des petits ruminants antibodies in sheep and goats after vaccination in Karamoja, Uganda: implication on control. Int J Anim Vet Adv 3(1):18–22.

Luka PD, Erume J, Mwiine FN, Ayebazibwe C (2012) Molecular characterization of peste des petits ruminants virus from the Karamoja region of Uganda (2007–2008). Arch Virol 157(1):29–35.

Lundervold M, Milner-Gulland EJ, O'Callaghan CJ, Hamblin C, Corteyn A, Macmillan AP (2004) A serological survey of ruminant livestock in Kazakhstan during post-Soviet transitions in farming and disease control. Acta Vet Scand 45(3–4):211–224.

Maillard JC, Van KP, Nguyen T, Van TN, Berthouly C, Libeau G, Kwiatek O (2008) Examples of probable host-pathogen co-adaptation/co-evolution in isolated farmed animal populations in the mountainous regions of North Vietnam. Ann N Y Acad Sci 1149:259–262.

Mann E, Isoun TT, Gabiyi A, Odegbo-Olukoya OO (1974) Experimental transmission of the stomatitis pneumonitis complex to sheep and goats. Bull Epizoot Dis Afr 22:99–102.

Martin V, Larfaoui F (2003) Suspicion of foot-and-mouth disease (FMD)/peste des petits ruminants (PPR) in Afghanistan (5/05/2003). http://www.fao.org/eims/secretariat/empres/eims_search/1_dett.asp?calling=simple_s_result&publication=&webpage=&photo=&press= &lang=en&pub_id=145377. Accessed 22 May 2010.

Mornet P, Orue J, Gillbert Y, Thiery G, Mamadou S (1956) La peste des petits Ruminants en Afrique occidentale française ses rapports avec la Peste Bovine. Revue d'elevage et de medecine veterinaire des pays tropicaux 9:313–342.

Moustafa T (1993) Rinderpest and peste des petits ruminants-like disease in the Al-Ain region of the United Arab Emirates. Rev Sci Tech Off Int Epiz 12(3):857–863.

Mulindwa B, Ruhweza SP, Ayebazibwe C, Mwiine FN, Muhanguzi D, Olaho-Mukani W (2011) Peste des petits ruminants serological survey in Karamoja sub region of Uganda by competitive ELISA. Vet World 4(4):149–152.

Munir M, Abubakar M, Zohari S, Berg M (2012a) Serodiagnosis of peste des petits ruminants virus. In: Al-Moslih M (ed) Serological diagnosis of certain human, animal and plant diseases, vol 1. InTech, Croatia, pp 37–58.

Munir M, Siddique M, Ali Q (2009) Comparative efficacy of standard AGID and precipitinogen inhibition test with monoclonal antibodies based competitive ELISA for the serology of peste des petits ruminants in sheep and goats. Trop Anim Health Prod 41(3):413–420.

Munir M, Zohari S, Saeed A, Khan QM, Abubakar M, LeBlanc N, Berg M (2012b) Detection and phylogenetic analysis of peste des petits ruminants virus isolated from outbreaks in Punjab, Pakistan. Transboundary Emerg Dis 59(1):85–93.

Munir M, Zohari S, Suluku R, Leblanc N, Kanu S, Sankoh FA, Berg M, Barrie ML, Stahl K (2012c) Genetic characterization of peste des petits ruminants virus, sierra leone. Emerg Infect Dis 18(1):193–195.

Nyamweya M, Ounga T, Regassa G, Maloo S (2008) Technical brief on Pestes des Petits ruminants (PPR), ELMT Livestock Services Technical Working Group.

Obidike R, Ezeibe M, Omeje J, Ugwuomarima K (2006) Incidence of peste des petits ruminants haemagglutinins in farm and market goats in Nsukka, Enugu state, Nigeria. Bull Anim Health Prod Afr 54:148–150.

OIE (2011) Peste des petits ruminants, Tunisia. http://web.oie.int/wahis/public.php?page=single_ report&pop=1&reportid=11864. Accessed 22 May 2010.

OIE (2011a) Immediate notification report. Ref OIE: 10384, Report Date: 20/03/2011, Country: Algeria.

OIE (2011b) Peste des petits ruminants, Tunisia.

Pegram RG, Tereke F (1981) Observation on the health of Afar livestock. Ethiop Vet J 5:11–14

Perl S, Alexander A, Yakobson B, Nyska A, Harmelin A, Sheikhat N, Shimshony A, Davidson N, Abramson M, Rapoport E (1994) Peste des petits ruminants (PPR) of sheep in Israel:

case report. Israel J Vet Med 49(2):59–62.

Pervez K, Ashraf M, Khan MS, Khan MA, Hussain MM, Azim F (1993) A rinderpest like disease in goats in Punjab, Pakistan. Pak J Livest Res 1(1):1–4.

Pest des Petits Ruminants in Iraq (2003) FAO Corporate document repository. http:// www.fao.org/DOCREP/003/X7341E/X7341e01.htm. Accessed 13 March 2012.

ProMED (2008) Peste des petits ruminants—Morocco (07): OIE, PPRV lineage IV. http://www.promedmail.org/pls/apex/wwv_flow.accept. Accessed 22 May 2010.

Provost A, Maurice Y, Bourdin C (1972) La peste des petits ruminants: existe-t-elle en Africque centrale? Paper presented at the 40th general conference of the committee of the O.I.E..

Radostits OM, Gay CC, Blood DC, Hinchcliff KW (2000) Veterinary medicine, 9th edn. Elsevier, W. B. Saunders Co., London.

Raghavendra AG, Gajendragad MR, Sengupta PP, Patil SS, Tiwari CB, Balumahendiran M, Sankri V, Prabhudas K (2008) Seroepidemiology of peste des petits ruminants in sheep and goats of Southern Peninsular India. Rev Sci Tech 27(3):861–867.

Rahman MA, Shadmin I, Noor M, Parvin R, Chowdhury EH, Islam MR (2011) Peste des petits ruminants virus infection of goats in Bangladesh: pathological investigation, molecular detection and isolation of the virus. Bangladesh Vet 28(1):1–7.

Rasheed IE (1992) Isolation of PPRV from Darfur state. University of Khartoum, Sudan.

RO-CEA (2008) Horn of Arfica: Africa preparedness and response to the impact of soaring food prices and drought.

Roeder PL, Abraham G, Kenfe G, Barrett T (1994) PPR in Ethiopian goats. Trop Anim Health Prod 26:69–73.

Roger F, Guebre YM, Libeau G, Diallo A, Yigezu LM, Yilma T (2001a) Detection of antibodies of rinderpest and peste des petits ruminants viruses (Paramyxoviridae, Morbillivirus) during a new epizootic disease in Ethiopian camels (Camelus dromedarius). Rev Med Vet (Toulouse) 152:265–268.

Roger F, Libeau G, Yigezu LM, Grillet C, Sechi LA, Mebratu GY, Diallo A (2000) International symposia on veterinary epidemiology and economics (ISVEE) proceedings, ISVEE 9. In: Proceedings of the 9th symposium of the international society for veterinary epidemiology and economics, Epidemiologic methods & theory session, Breckenridge,

Colorado, USA, p 195.

Roger F, Yesus MG, Libeau G, Diallo A, Yigezu LM, Yilma T (2001b) Detection of antibodies of rinderpest and peste des petits ruminants viruses (Paramyxoviridae, Morbillivirus) during a new epizootic disease in Ethiopian camels (Camelus dromedarius). Rev Med Vet (Toulouse) 152:265–268.

Saeed IK, Ali YH, Khalafalla AI, Rahman-Mahasin EA (2010) Current situation of peste des petits ruminants (PPR) in the Sudan. Trop Anim Health Prod 42(1):89–93.

Saha A, Lodh C, Chakraborty A (2005) Prevalence of PPR in goats. Indian Vet J 82:668–669.

Santhosh A, Raveendra H, Isloor S, Gomes R, Rathnamma D, Byregowda S, Prabhudas K, Renikprasad C (2009) Seroprevalence of PPR in organised and unorganised sectors in Karnataka. Indian Vet J 86:659–660.

Sanz-Alvarez J, Diallo A, De La Rocque S, Pinto J, Thevenet S, Lubroth J (2009) peste des petits ruminants (PPR) in Morocco. EMPRES Watch, 2008.

Shaila MS, Purushothaman V, Bhavasar D, Venugopal K, Venkatesan RA (1989) Peste des petits ruminants of sheep in India. Vet Rec 125(24):602.

Shaila MS, Shamaki D, Forsyth MA, Diallo A, Goatley L, Kitching RP, Barrett T (1996) Geographic distribution and epidemiology of peste des petits ruminants virus. Virus Res 43(2):149–153.

Singh RP, Saravanan P, Sreenivasa BP, Singh RK, Bandyopadhyay SK (2004) Prevalence and distribution of peste des petits ruminants virus infection in small ruminants in India. Rev Sci Tech 23(3):807–819.

Sow A, Ouattara L, Compaore Z, Doulkom B, Pare M, Poda G, Nyambre J (2008) Serological prevalence of peste des petits ruminants virus in Soum province, north of Burkina Faso. Revue d'elevage et de medecine veterinaire des pays tropicaux 1:5–9 (in French).

Sumption KJ, Aradom G, Libeau G, Wilsmore AJ (1998) Detection of peste des petits ruminants virus antigen in conjunctival smears of goats by indirect immunofluorescence. Vet Rec 142(16):421–424.

Swai ES, Kapaga A, Kivaria F, Tinuga D, Joshua G, Sanka P (2009) Prevalence and distribution of peste des petits ruminants virus antibodies in various districts of Tanzania. Vet Res Commun 33(8):927–936.

Tatar NK (1998) Ve keçilerde küçük ruminantlarin vebasi ve sigir vebasi enfeksiyonlarinin serolojik ve virolojik olarak arastirilmasi. Ankara Üniversitesi, Saglik Bilimleri Enstitusu, Ankara.

Taylor WP, Al Busaidy S, Barrett T (1990) The epidemiology of peste des petits ruminants in the Sultanate of Oman. Vet Microbiol 22(4):341–352.

Taylor WP, Barrett T (2010) Peste de Petits ruminants and rinderpest in: diseases of Sheep 4th edn. Blackwells Science, Oxford.

Wambura PN (2000) Serological evidence of the absence of peste des petits ruminants in Tanzania. Vet Rec 146(16):473–474.

Wamwayi HM, Rossiter PB, Kariuki DP, Wafula JS, Barrett T, Anderson J (1995) Peste des petits ruminants antibodies in east Africa. Vet Rec 136:199–200.

Wang Z, Bao J, Wu X, Liu Y, Li L, Liu C, Suo L, Xie Z, Zhao W, Zhang W, Yang N, Li J, Wang S, Wang J (2009) Peste des petits ruminants virus in Tibet, China. Emerg Infect Dis 15(2):299–301.

Waret-Szkuta A, Roger F, Chavernac D, Yigezu L, Libeau G, Pfeiffer DU, Guitian J (2008) Peste des petits ruminants (PPR) in Ethiopia: analysis of a national serological survey. BMC Vet Res 4:34.

Whitney JC, Scott GR, Hill DH (1967) Preliminary observations on a stomatitis and enteritis of goats in southern Nigeria. Bull Epizoot Dis Afr 15:31–41.

Yesilbag K, Yilmaz Z, Golcu E, Ozkul A (2005) Peste des petits ruminants outbreak in western Turkey. Vet Rec 157(9):260–261.

Zahur AB, Irshad H, Hussain M, Ullah A, Jahangir M, Khan MQ, Farooq MS (2008) The epidemiology of peste des petits ruminants in Pakistan. Rev Sci Tech 27(3):877–884.

Zeidan M (1994) Diagnosis and distribution of PPR in small ruminants in Khartoum state during 1992–1994. University of Khartoum, Sudan.

6

小反刍兽疫分子诊断技术及疫苗研究进展

摘要：近年来，小反刍兽疫病毒核酸检测方法的开发和高效疫苗的研制均已取得了实质性进展。实时荧光定量 PCR 不仅可以从各类临床样品中检测到小反刍兽疫病毒的核酸，还能对其进行定量，证明该方法性能优良且较为新颖。尽管大多数小反刍兽疫病毒谱系分析均呈现相对独立的区域性流行分布特征（即拓扑型），但也有报道某些地方存在不止一种小反刍兽疫病毒谱系流行的情况，比如在苏丹和乌干达。至今仍没有可靠的试验来区分所有的谱系。尽管针对 PPRV 标记疫苗的研制有了重大的进展，仍需要借助反向遗传操作技术来构建出带有检测标识的重组疫苗毒株。主要通过基因操作在 PPRV 中插入阳性或阴性标记，最终建立对比检测试验。同样的，更换不同的基因有助于建立一个能够区分疫苗免疫与野毒感染动物抗体的检测方法。我们将在本章中讨论 PPRV 可行的诊断试验和有效的疫苗。此外，也批判性地论述了目前 PPR 诊断方法和疫苗的研发进展以及开发新型诊断方法和疫苗的可能性。

关键词：诊断；血清学；抗原检测；聚合酶链式反应；疫苗；多价疫苗；DIVA 测试；标记疫苗

6.1 前言

小反刍兽疫病毒（PPRV）是小型反刍动物最具毁灭性的呼吸道疫病病原之一，已经蔓延到撒哈拉以南的非洲地区、阿拉伯半岛和东南亚地区。很多试验方法可用于该病的诊断，如酶联免疫吸附试验（ELISA）可灵敏地检测出 PPRV 引起的抗体应答。同样，聚合酶链式反应（PCR）针对 PPRV 基因的检测非常有用，即使在现场样本保存不太好的情况下，亦可以相对较快地达到及时诊断出疫病的目的。一些试验也可以直接检测到宿主组织和分泌物中的病毒抗原。之前，组织培养的牛瘟（RP）减毒活疫苗已经用于预防本土PPRV感染，但是，现在由于牛瘟的根除，该疫苗已经被限制使用。基于此，设计出了一种作用于小反刍兽疫病毒Nigeria/75/1株和3株印度分离毒株的同源疫苗，并根据田间流行情况得到了应用。为了区分自然感染和疫苗免疫的动物（DIVA），科学家们一直在努力开发标记疫苗。由于没有有效的PPRV反向遗传操作系统，大多数实验操作已经放在RP病毒的感染性克隆上，这些感染性克隆可用于PPR标记疫苗的开发和PPRV蛋白免疫性能的研究上。本章中，我们将就PPRV血清学诊断、抗原和基因检测进展以及疫苗研发等各个方面进行论述。重点讨论PPRV现有疫苗的特性和最近的一些改进。此外，也谈到了发展DIVA和多价疫苗的可能性。

6.2 小反刍兽疫病毒的诊断

6.2.1 小反刍兽疫病毒血清学诊断

6.2.1.1 重要性及应用

早期诊断是防控PPR最好的方法，通过早期诊断，兽医可以采用接种疫苗或者其他对症治疗方案防治疫病的进一步扩散。在PPR流行的国家，尤其是在好的兽医服务缺乏的农村地区，小反刍兽疫由于与许多其他细菌病、病毒病和营养性疾病具有相似的临床症状（图3.3），经常被混淆和误诊。这主要是因为缺乏对该病的认识以及适用于普通兽医实验室的诊断试剂。要实现对小反刍兽疫的有效控制，遏制疫情暴发并减少经济损失，就必须尽可能快地完成疫病的确诊。小反刍兽疫的诊断主要为血清学诊断，血清阳性是动物被感染的最佳标识，因为动物一旦感染小反刍兽疫后将终生携带抗体，并有持续的抗体反应。

在过去的几年，应用酶联免疫吸附试验（ELISA）检测PPR抗体已经被一些国家所发展和应用，并以多种方式得以商业化。然而，除非试剂盒是国内开发和生产的，否则由于成本太高，ELISA试剂盒可能无法用于普查测试。在这种情况下，普通的诊断实验室可利用其他可靠的血清学试验来替代，这是非常必需的。考虑到这些，对那些预计将取代高成本诊断方法的试剂的检测性能（如 Kappa 值、相对诊断敏感性、特异性等）进行评估就显得十分重要。

血清学试验经常是大规模筛检的首选方法，但其主要缺点为检测抗体不够敏感。聚合酶链式反应等核酸扩增方法虽然方便且有很好的敏感性，但对很多实验室尤其是对发展中国家（Muthuchelvan et al. 2006）来说，作为常规筛查方法成本太高。体外细胞培养分离病毒，除质量控制和设备条件外，对检测人员的技术和科研经验都有要求，这无疑都需要高额的花费。快速分析，比如检测抗原或者抗体的免疫色谱或者免疫磁珠技术，简单易懂，可以在现场应用，这为发展中国家提供了更多的解决方案。然而，这些快速诊断小反刍兽疫的方法现在并不易获得。应用凝胶的沉淀线原理开发的诊断技术，因其快速、廉价、准确的特点被许多发展中国家用于该病的防控。世界动物卫生组织（OIE）推荐的检测抗原的琼脂凝胶免疫扩散试验（AGID），如今已在很多国家被作为检测小反刍兽疫的有效方法。这种方法相对快捷、简便、价廉，但是对动物是否感染了小反刍兽疫病毒的检测敏感性不够高，该法是通过沉淀线的可视观察来进行主观的解释分析。

6.2.1.2　血清学诊断的基础

小反刍兽疫大部分的血清学分析是基于 PPRV 的核衣壳（N）和血凝素－神经氨酸酶（HN）蛋白抗体的检测。

核衣壳（N）蛋白

大部分的单链 RNA 病毒，包括 PPRV，核衣壳蛋白是高度保守的，并有最强的免疫原性。由于编码核衣壳蛋白的基因靠近小反刍兽疫病毒基因的 3′端，在两个基因间区段会发生基因衰减，所以核衣壳蛋白比麻疹病毒属的其他蛋白表达量更多（Lefevre et al. 1991）（本书 1.2.2 部分）。核衣壳蛋白产生的抗体并不能保护动物免受病原感染，但因其免疫原性好且抗原谱广，其仍然是设计小反刍兽疫血清学诊断方法时最佳的靶标分子（Diallo et al. 1994）。此外，小反刍兽疫病毒的核衣壳蛋白似乎既有型特异性，又有可交叉反应的抗原表位。小反刍兽疫病毒的核衣壳蛋白可以分为 4 个区域：区域Ⅰ（1—120 位氨基酸），区域Ⅱ（122—145 位氨基酸），区域Ⅲ（146—398 位氨基酸），区域Ⅳ

（421—445位氨基酸）。具有最强免疫原性的表位分布在区域Ⅰ和区域Ⅱ，而区域Ⅲ和Ⅳ免疫原性最差（Choi et al. 2005）。也有研究指出，核衣壳蛋白的第452—472位氨基酸是免疫原性最强的部分。进一步说就是，区域Ⅰ和区域Ⅱ比区域Ⅲ和Ⅳ较早产生免疫反应（Bodjo et al. 2007）。一种在昆虫细胞或幼体（草地夜蛾，Spodoptera frugiperda）（Ismail et al. 1995）或大肠杆菌（Yadav et al. 2009）中表达核衣壳蛋白的重组杆状病毒（Ismail et al. 1995），已经被作为包被抗原成功用于小反刍兽疫血清学诊断的ELISA方法。另外，小反刍兽疫病毒细胞培养减毒活病毒被用作竞争ELISA（cELISA）（Singh et al. 2004b）和夹心ELISA（sELISA）（Singh et al. 2004a）方法中的诊断用抗原。总的来说，小反刍兽疫的大多数诊断方法都是基于针对核衣壳蛋白的单克隆抗体建立的（Libeau et al. 1995）。

血凝素－神经氨酸酶（HN）蛋白

小反刍兽疫病毒的血凝素－神经氨酸酶蛋白是麻疹病毒属所有成员中最多样化的。比较麻疹病毒属，发现其中最相似的两个成员——牛瘟病毒和小反刍兽疫病毒它们的血凝素－神经氨酸酶蛋白只有50%的相似性。血凝素－神经氨酸酶蛋白变化最多部分的性质可能就反映出它在种属特异性方面的作用。如果是这样的话，牛瘟病毒和小反刍兽疫病毒的血凝素蛋白在DIVA（区分免疫的动物与感染的动物）策略上可能有很大的潜力。因为血凝素－神经氨酸酶蛋白决定细胞嗜性，大多数保护性宿主免疫反应是由它引起的。与核衣壳蛋白相反，已有研究表明，重组血凝素－神经氨酸酶蛋白产生的抗体足以保护宿主免受小反刍兽疫病毒的侵染。或者，通过构建仅表达血凝素－神经氨酸酶蛋白的地方流行毒株重组蛋白进行免疫，建立一个DIVA策略，这种以PPRV核衣壳蛋白抗体为检测靶标的ELISA可以作为一种DIVA检测工具。由于这些原因和中和抗体的产生，血凝素－神经氨酸酶蛋白始终处于持续的免疫压力状态下。有研究表明，血凝素－神经氨酸酶蛋白不仅与细胞嗜性有关，它还具有神经氨酸酶的作用。小反刍兽疫病毒因为具有了这个作用，而在麻疹病毒属中比较独特。应用单克隆抗体绘制血凝素－神经氨酸酶蛋白的功能域，已证实的有两部分，一部分位于263—368位氨基酸位点，另一部分位于539—609位氨基酸位点，这两部分的免疫显性表位最多（Seth and Shaila 2001）。将小反刍兽疫病毒的血凝素－神经氨酸酶蛋白作为靶标来设计DIVA

试验策略已经成为了一种趋势。

6.2.2 血清检测

基于上述事实，以血凝素－神经氨酸酶蛋白（Anderson and McKay 1994；Saliki et al. 1993；Singh et al. 2004b）和核衣壳蛋白（Libeau et al. 1995）为检测靶标的小反刍兽疫抗体检测ELISA方法已成功研发并得以在绵羊和山羊上应用。以核衣壳蛋白为包被抗原的ELISA方法是基于针对核衣壳蛋白特定抗原表位产生的单克隆抗体和被检样品中抗体的竞争原理而建立，由于缺乏与核衣壳蛋白的交叉反应，在阴性对照中只能看到45%的竞争水平（Libeau et al. 1995）。病毒中和试验比基于核衣壳蛋白抗原的ELISA更敏感，这可能是因为核衣壳蛋白产生的抗体缺乏病毒中和能力（Diallo et al. 1995）。病毒中和试验和竞争酶联免疫吸附试验的相对敏感性和特异性分别为94%~95%和99.4%。利用小反刍兽疫病毒血凝素－神经氨酸酶蛋白设计的ELISAs，已经被应用于阻断ELISA和竞争ELISA上。所有上述ELISA方法都要以小反刍兽疫病毒血凝素－神经氨酸酶蛋白产生的单克隆抗体与血清抗体竞争为基础，被检血清都要先经抗原预孵育，然后再用单克隆抗体孵育（Saliki et al. 1993），敏感性和特异性预计分别可达90.4%和98.9%。该方法的原理细节、试验草案和材料制备最近已经完成了综合修订（Munir 2011; Munir et al. 2012a）。

病毒中和试验具有很高的敏感性和特异性，它可能是在血清试验中检测麻疹病毒属所有成员产生抗体的最可靠方法。但它耗费的时间长，价格昂贵且需要大量人力。病毒中和试验常常是用原代细胞系（如羊肾细胞）来完成。需要说明的是，在病毒中和试验中，由于小反刍兽疫病毒与牛瘟病毒的交叉中和性能，从感染牛瘟病毒的动物中获取的血清样本，可能中和小反刍兽疫病毒。然而，观察到同源病毒（小反刍兽疫病毒产生的抗体中和小反刍兽疫病毒）之间的中和水平比异源病毒（小反刍兽疫病毒产生的抗体中和牛瘟病毒）之间要高。因此，正反交中和试验可能应用于鉴别诊断牛瘟病毒感染和小反刍兽疫病毒感染动物（Taylor and Abegunde 1979）。小反刍兽疫病毒血清学诊断有数种可供选择的方法，如间接N-ELISA（Ismail et al. 1995）、免疫渗透实验（Dhinakar Raj et al. 2000）、夹心ELISA（Saravanan et al. 2008）、血凝试验（Dhinakar Raj et al. 2000；Manoharana et al. 2005）、乳胶凝集试验（Keerti et al. 2009）以及单向扩散溶血试验（Munir et al. 2009a）和沉淀抑制试验（Munir et al. 2009b）。最近，针对这些方法的敏感性和特异性做了比对和符合率测试（Munir 2011；Munir et al. 2012a）。

6.2.3 小反刍兽疫的抗原检测

已经有2种不同的ELISA被研制出来，并应用于高效检测小反刍兽疫病毒感染的动物组织和分泌物中的抗原。直到现在，免疫捕获ELISA（Libeau et al. 1994）效果仍优于夹心ELISA（Saliki et al. 1994），两者都应用了针对PPRV核衣壳蛋白的单克隆抗体。这2种方法均快速（在2小时内完成）、敏感、特异（检测水平达$10^{0.6}$ $TCID_{50}$每个孔）、简便且非常稳定（可以在非理想的条件下检测样品中的抗原）。因为在这些方法中使用的单克隆抗体是针对小反刍兽疫病毒和牛瘟病毒的核衣壳蛋白交叉和共有的结构域部分的，所以，它们可以被用来区分牛瘟病毒和小反刍兽疫病毒感染的动物（Libeau et al. 1994）。

琼脂凝胶免疫扩散试验和对流免疫电泳（CIEP）被广泛地应用于区分抗原和抗体，而且4小时内就可以完成检测（Obi 1984）。这些方法可简便、可靠、可快速地筛选小反刍兽疫病原阳性的各种生物样品，为成本昂贵或者劳动密集型检测试验提供了其他选择（Munir 2011；Munir et al. 2012a；Munir et al. 2009b）。免疫荧光（Sumption et al. 1998）和免疫组织化学（Eligulashvili et al. 2002）也被成功应用于检测小反刍兽疫病毒抗原，且与ELISA抗原检测方法进行了平行比对测试（Munir 2011）。

6.2.4 小反刍兽疫的基因检测

尽管这些检测抗原或抗体的方法前景很好，但是，病毒中和试验中病毒分离需要生物活性材料，ELISA试验需要保存相对完好的动物免疫血清。PCR方法在样品保存较少的情况下非常适用，相对快速，及时诊断疫病。副黏病毒科家族所有成员基因组都是单链RNA，因此，必须反向转录为互补DNA（cDNA）。起初Forsyth和Barrett（1995）演示了反转录PCR小反刍兽疫病毒F蛋白的mRNA（表6.1）。在这时，由于对其他基因的序列可行性的限制，且因F蛋白被大量用来进行序列分析，所以可以认为F蛋白可能是最好的检测靶标分子（Forsyth and Barrett 1995）。不过，他们发现F和P基因的检测用引物具有设计上的缺陷，因此他们得出结论认为这种方法并不是对每一种病毒株都适用，因为在引物结合位点的3′末端的变化，就可能产生一个错误的结果。此外，RNA病毒具有高突变性（核苷酸替代）和错误频率（Steinhauer et al. 1989），所以有可能漏检。因此，选择小反刍兽疫病毒基因组中高度保守的基因作为检测靶标尤为重要。已经给出了可以用于RT-PCR的重要序列信息，这些序列比对信息不仅仅能够用于区分小反刍兽疫病毒，还在系统树分析上描述了它们的特性。进一步认为，小反刍兽疫病毒的N基因或L基因可能更加适用于小反刍兽疫病毒基因组的检测，因为这两个基因比PPRV其他任何基因的特异性更高且在麻疹病毒属内非常保守。这一观点后来被Couacy-Hymann等（2002）证实，他成功地扩增了小反刍兽疫病毒N基因mRNA的3′末端，并发现该RT-PCR比传统的利用Vero细胞的病毒滴度分析试验更加灵敏（Couacy- Hymann et al. 2002）（表6.1）。

为了避免基于F基因的RT-PCR试验出现假阴性的结果，Balamurugan等（2006）提出了以N和M基因为检测靶标的一步法单管多重RT-PCR。序列比对显示，小反刍兽疫病毒的基质蛋白（M）序列和其他的麻疹病毒的M蛋白具有高度保守性（Haffar et al. 1999）。据报道M蛋白是所有麻疹病毒属蛋白保守性最高的蛋白（Sharma et al. 1992）（见本书1.2），而且该蛋白在被感染细胞中表达量最多（Diallo 1990）。因此，基于小反刍兽疫病毒基因组3'末端基因的PCR检测方法可能比基于F蛋白基因的PCR方法更好，F基因比M蛋白距离小反刍兽疫病毒的3'末端更远。设计了PCR检测引物，小反刍兽疫病毒阳性样品产生N和M阳性产物，只有牛瘟病毒存在时只有N蛋白的产物（337 bp）。通过和sELISA比较，总结出RT-PCR能够高效的扩增小反刍兽疫病毒N和M基因区域，能够在临床样本中快速检测和区分小反刍兽疫病毒和牛瘟病毒，而且该方法提高了敏感性和降低了假阳性率（Balamurugan et al. 2006）。

上述的PCR方法也存在一些普遍的局限性：耗费人力（需要在凝胶中观看PCR产物），污染率高，且均不适用于高通量检测。直到2008年，Bao和其合作者发明了一种十分敏感和特异性的以TaqMan探针为基础的一步法实时定量反转录PCR（qRT-PCR），该方法可用于检测小反刍兽疫病毒田间样本（Bao et al. 2008），在对2007年西藏地区发生的小反刍兽疫流行期收集的样本分析时非常有用。该方法可在实验室特异、灵敏地对小反刍兽疫临床病料进行快速检测（Bao et al. 2008）（表 6.1）。不过，qRT-PCR 还没有对所有的小反刍兽疫病毒谱系进行验证，其在野外样本上的检测性能也没有明确建立。因此，为了在野外样本中检测和量化 4 种所有的小反刍兽疫病毒谱系，Kwiatek 等人（2010）在麻疹病毒 N 基因可变核苷酸的 3' 末端设计了引物和探针，已经用于系统确定小反刍兽疫病毒的谱系。他们进一步认为该方法对所有的小反刍兽疫病毒谱系（包括那些当前非洲、中东和亚洲流行的谱系）的确定提供了灵敏且特异的检测方法。此外，由于能够对易感小反刍动物进行更快检测，因此，有可能实现对小反刍兽疫进行快速、高通量的监测（Kwiatek et al. 2010）（表 6.1）。

上面提到的所有 PCR 方法都不能在野外直接操作，主要是因为它们需要用于 RT-PCR 的热循环 PCR 仪和电泳仪，而基于探针的实时定量 PCR 费用又非常昂贵。因此，为了解决这一问题，环介导等温扩增技术（LAMP）被提出可作为一种替代性选择。LAMP 以一系列的置换反应为基础，颈环结构特异和选择性的扩增目标，快速置于恒温条件下（Nagamine et al. 2002），提供了一个快速和敏感的方法来扩增 RNA 病毒，避免了对热循环仪的需求。RT-LAMP 的高扩增效率，使肉眼借助嵌入的核酸的染料（比如荧光染料 SYBR Green I 或者溴化乙锭）便捷地观察到扩增出的靶基因片段。本试验方法被认为对所有大陆的小反刍兽疫病毒的检测均具有高度敏感性（Li et al. 2010；Wei et al. 2009）（表 6.1）。

所有方法如果想要用于现场检测，就需要简单的 RNA 模板准备操作程序。比如通过英国 Whatman 公司的 FTA 卡片和 FTA 提纯试剂（Munir et al. 2012b；Munir et al. 2012c），应用 RT-LAMP 试验方法可以对小反刍兽疫病毒轻松地进行现场诊断。尽管这些试验具有高敏感性和特异性，且能有效地检测疫苗毒和野毒株，但这些试验都不是 OIE 正式批准的方法。因此在得到批准之前还需要对这些方法进行广泛的验证。

表 6.1 用于检测 PPRV 的不同类型 PCR 的特征及组成成分

引物及标签名称	分析类型	上游引物（F）标签（P）下游引物（R）（从 5’ 末端到 3’ 末端）	靶标基因：融合蛋白（F），核衣壳蛋白（N），基质蛋白（M）	基因对应的位置	产物长度（bp）	检测极限	与其他方法比较	参考文献
F1 F2	RT-PCR	F=ATCACAGTGTTAAA-GCCTGTAGAGG R=GAGACTGAGTTTGTG-ACCTACAAGC	F	777—801 1 124—1 148	371	RT-PCR (12/23)* AGID 和病毒分离 (0/23)	AGID 和病毒分离	Forsyth and Barrett, (1995)
NP3 NP4	RT-PCR	F=TCTCGGAAATCG-CCTC-ACAGACTG R=CCTCCTCCTGGTCCTC-CAGAATCT	N	1 232—1 255 1 583—1 560	350	$10^{-3}TCID_{50}/mL$	Vero 细胞上滴度测定	Couacy-Haymann et al. (2002)
Fr2 Re1	多重 RT-PCR	F=ACAGGCGCAGGTTT-CATTCTT R=GCTGAGGATATCCTT-GTCGTTGTA	N M	1 270—1 290 1 584—1 606 477—497	337 191 646~667	多种 RT-PCR (22/32)	夹心 ELISA	Balamurugan et al. (2006)
MF-Morb MR PPR3		F=CTTGATACTCCCCAG-AGATTC R=TTCTCCCATGAGCCG-ACTATGT				夹心 ELISA 18/32)		
PPRNF PPRNP （标签） PPRNR	Real-time PCR	F=CACAGCAGAGGAAGC-CAAACT P=FAM-5′-CTCG-GAA-ATCGCC TCGCAG-GCT-3′-TAMRA R=TGTTTTGTGCTGGAG-GAAGGA	N	1 213—1 233 1 237—1 258 1 327—1 307	94	检测范围在 $8.1\sim8.1\times10^{9}$ RNA 拷贝。比常规 PCR 灵敏	常规 RT-PCR (Couacy-Haymann et al. (2002))	Bao et al. 2008

*23 个样品中用 RT-PCR 检出 12 个阳性样品。

（续表）

引物及标签名称	分析类型	上游引物（F）标签（P）下游引物（R）(从5’末端到3’末端)	靶标基因：融合蛋白（F），核衣壳蛋白（N），基质蛋白（M）	基因对应的位置	产物长度(bp)	检测极限	与其他方法比较	参考文献
NPPRf	Real-time PCR	F=GAGTCTAGT- CAAAACC- CTCGTGAG	N	1 438—1 461	96	Ct 值 39 时每个反应对应检测 32 拷贝	常规 RT-PCR (Couacy-Haymann et al.(2002))	Kwiatek et al. (2010)
NPPRp (标签)		P=FAM-5′-CGGCTGAGG- CACTCTT- CAGGCTGC-3′-BHQ1		1 472—1 495			Real-Time PCR(Bao et al.(2008))	
NPPRr		R=TCTCCCTCCTCCTG- GTCCTC		1 516—1 534				
F3	LAMP	TTGCAATGCAGTCAACCT	M	420—437	217	每个反应检测到 1.41×10^{-4} ng 总 RNA.	Real-Time PCR(Bao et al.(2008))	Li et al. (2010)
B3		ATTCTCCCATGAGCCGA		620—636				
F1c		GCACACTATAGTAAC- CATTGTCTGA		496—520		比 RT-PCR 高 10 倍，与 real-time RT-PCR 方法相当		
F2		TGATACTCCCCAGAGGTT		447—464				
B1c		GGAGTTCCGCTCAGC- CAATG		534—553				
B2		TTCTAGGGTTTGTGCCATT		592—610				
LF		TCTAGTTATGCTCATGTA- CACAACC		468—492				
LB		GTAGCCTTCAACATCTTG- GTTACAC		556—580				

6.3 小反刍兽疫病毒疫苗

由于在宿主淋巴结上复制的性质和具有解除宿主防御机制的可能性，PPRV 和许多其他麻疹病毒一样具有强烈而短暂的免疫抑制作用。这种免疫抑制作用具有引起并发感染和随后导致较高死亡率的特征。尽管有明显的免疫抑制，感染康复的动物通常伴随形成强大的、特异且长期的保护性免疫应答（Cosby 2005）。麻疹病毒（MV）（如 RPV 和犬瘟热病毒）的保护性免疫力的特征已经得到很好的描述。然而，仍然缺少关于 PPRV 感染后恢复或预防感染所需的免疫反应的相关信息（见本书 4.2）。由于麻疹病毒属间具有很高的结构和功能相似性，PPRV 疫苗也随着一些其他麻疹病毒疫苗研制的方法在发展和改进。在控制 PPRV 的疫苗研发方面已经取得了显著的成效，这些疫苗可以被分为 4 种类型。

6.3.1 小反刍兽疫病毒异源减毒疫苗

当 PPRV 第一次被确定的时候，因为诸如 PPRV 疫苗能够防止 PPRV 引起的牲畜疫病以及在中和试验中牛瘟抗毒血清能够减少 PPRV 的效价等几种原因，PPRV 就被推测是 RPV 的一个变种。又由于缺乏交叉中和反应，后来有人认为 PPRV 和 RPV 具有根本性的不同（Hamdy et al. 1976）；Taylor 和 Abegunde 进行了两种疫苗相互的中和反应的研究（Taylor and Abegunde 1979）。Gibbs 等人（1979）基于几种麻疹病毒之间的交叉保护和中和反应，提出了 PPRV 有其独特性的理论（Gibbs et al. 1979）。随后的研究显示，根据单克隆抗体反应，PPRV 与 RPV 很接近；后来的基因序列分析表明 RPV 跟 MV 比 RPV 跟 PPRV 更接近（McCullough et al. 1986）。确认 RPV 是一种原型病毒，目前确定的几种麻疹病毒均由其进化而来（Norrby et al. 1985）。

由于将 PPRV 连续传 65 代次的细胞适应致弱之后仍没能获得毒力减弱的传代株（Gilbert and Monnier 1962），Bourdin 等人（1970）以及 Bonniwell（1980）都成功地进行了使用 RP 疫苗保护动物免受 PPRV 侵害的田间试验（Bourdin et al. 1970；Bonniwell 1980）。最终，由于确认了 RPV 和 PPRV 之间的交叉保护作用，以及第一次认识到 RP 疫苗可用于 PPRV 后，在很多国家都试验证明了一种由 Plowright 组织培养的减毒 RP 疫苗（Plowright' s tissue culture RPvaccine，TCRPV）可保护动物免受 PPRV 感染。这种疫苗对于怀孕的山羊（Adu and Nawathe 1981）是安全的，对即将出生的小山羊被动免疫保护至少达到了 3 个月。接种疫苗的动物至少 3 年内都能抵抗 PPRV 病毒感染（Rossiter 2004），这是强交叉细胞免疫反应的结果。然而，由于推进 RPV 根除计划并为了达到无 RP 国家的标准，这种疫苗也不再被使用。

6.3.2 小反刍兽疫病毒同源减毒疫苗

随着组织培养牛瘟疫苗受到限制，小反刍兽疫病毒同源疫苗的开发也开始付出巨大的努力。当一系列的尝试失败之后，Gilbert 和 Monnier（1962）首次在原代细胞培养物中增殖小反刍兽疫病毒获得成功，并在细胞病变（CPE）时观察到大的合胞体形成（Gilbert and Monnier　1962）。随后，一些其他的细胞病变，比如，有折射力的圆形细胞，均已出现针对小反刍兽疫病毒的特异性细胞病变（Laurent　1968）。应用苏木精和伊红染剂可以直观地看到可作为小反刍兽疫病毒复制标志的微小合胞体的形成，尤其是在感染初期，这一现象早些时候已经在牛瘟上被观察到（Plowright and Ferris　1959）。然而，尽管很早就分离了病毒，但是病毒在 65 次传代之后仍没有被弱化。后来，Diallo 等人（1989）报道了可在细胞培养下衰减的小反刍兽疫病毒，奠定了小反刍兽疫病毒同源疫苗研制的基础（Diallo et al. 1989）。1975 年，Taylor 和 Abegunde（1979）从感染了小反刍兽疫病毒后死亡的尼日利亚山羊中分离出小反刍兽疫病毒，并在 37℃下培养的 vero 细胞中进行了适应性传代，直到现在，仍被认为是小反刍兽疫病毒分离的模型（Taylor and Abegunde　1979）。

小反刍兽疫病毒在细胞培养（vero 细胞）适应过程中，传代 20 次后接种于易感动物体可导致动物表现出轻微的临床症状（Taylor and Abegunde 1979；Diallo et al. 1989）。然而，在多于 35 次传代（总共 55 次传代）之后，致病性明显降低，就为免疫接种提供了一种合适的减毒毒株。山羊感染了这种减毒的小反刍兽疫病毒不仅保持健康和能够抵抗病毒的侵袭，且在活体动物中连续 3 代没有出现病毒毒力返强。病毒在 vero 细胞上传 120 代均保持无致病力，接种过的动物也都不能把 PPRV 传递给健康的未接种动物。在之后的临床试验中，这种疫苗（第 63 次传代）从 1989—1996 年被广泛应用到生产实践中。对

98 000 只绵羊和山羊免疫了其中 58 000 只，表明大约 98%的免疫动物在一个月后血清转化，而其免疫保护效力持续 3 年以上。有效剂量是 $10^{0.8}$TCID$_{50}$/ 头份，不过剂量达到 10^{3} TCID$_{50}$/ 头份时动物仍然安全（Martrenchar et al. 1997）。疫苗对怀孕动物免疫后保持安全，并且可以经过被动免疫将保护力传递给后代，这种保护力可以持续 3 ~ 5 个月。之后，在生产中使用该疫苗后也表明该疫苗可保护动物抵抗野生型小反刍兽疫病毒的感染，而且免疫动物可以预防牛瘟病毒感染，降低对牛瘟病毒感染的敏感性。

第二个成功的减毒疫苗是 Sungri/96，疫苗毒株是 1994 年从印度喜马偕尔邦的 Sungri 地区感染小反刍兽疫病毒而死亡的山羊中分离得到的（Sreenivasa et al. 2002）。分离的病毒首先在 B95a（狨猴淋巴母细胞）细胞中传代 10 次，接着在缺乏干扰素的 vero 细胞中传代 49 次。然而，这种分离的病毒直接在 vero 细胞中传代 56 次后毒力并不会完全衰减（Sarkar et al. 2003）。分离出的两种其他的减毒小反刍兽疫病毒 Arasur/87 和 Coimbatore/97 株，分别从绵羊和山羊上分离获得，并在 vero 细胞中传代 75 次后其毒性才得以衰减（Saravanan et al. 2010）。

当前，由 Saravanan 等人（2010）牵头对所有这 3 种印度疫苗进行了全面的比较（Saravanan et al. 2010）研究，如无菌检验、安全性评价、效价评估以及动物接种后的免疫状态分析。结果表明疫苗在剂量分别为 100、1 和 0.1 时均是无菌和安全的。所有接种了 Sungri 1996 和 Arasur 1987 疫苗的动物都能在 14 天内获得足够的保护力，均没有显示出直肠温度升高和其他的小反刍兽疫特有的临床症状。此外，疫苗对绵羊和山羊具有特异性交叉保护作用。从这些动物中采集的拭子检测小反刍兽疫病毒抗原呈阴性，表明疫苗对绵羊和山羊具有 100% 保护。从分子特性、免疫抑制（Rajak et al. 2005）、热稳定性（Sarkar et al. 2003）和安全性（Saravanan et al. 2010）方面收集的数据表明，接种疫苗一次足以为绵羊和山羊提供终身的免疫保护。这也说明了目前在发展中国家，利用这些疫苗对绵羊和山羊进行大量的接种是可行的。

6.3.3　小反刍兽疫病毒减毒活疫苗的稳定性

上面提到，疫苗的主要缺点是热稳定性，尤其是在该疫病在热带国家流行的情况下。和其他麻疹病毒成员一样，小反刍兽疫病毒是不耐热的，因此，在炎热的气候条件下，热敏感性是减毒活疫苗的一个严重问题。此外，小反刍兽疫病毒在大多数发展中国家流行，由于其薄弱的基础设施，维持一个低温运输系统来确保疫苗的效力是非常困难的。所有的这些因素都不可避免地导致了疫苗在最后应用于动物时其效力常常降低。为了减免该缺陷，就需要生产一种耐热产品。科学家们已经为了避免这个问题做了许多努力，主要通过构建重组疫苗或者增加现有减毒活疫苗的寿命。

冻干法是一种常用的稳定热敏感性疫苗的方法，尤其在配以合适的赋形剂时效果更佳。添加蔗糖－水解乳蛋白（LS）、Weybridge 培养基（WBM）、甘露醇－水解乳蛋白（LM）至小反刍兽疫病毒 Nigeria 75/1 株冻干疫苗中，显示出 WBM 配方可以长时间维持病毒滴度（Asim et al. 2008）。不同的稳定剂如 LS、WBM、明胶－山梨醇缓冲液（BUGS）、海藻糖二水合物（TD），也被用于制备小反刍兽疫病毒 Sungri 96 疫苗。添加组合赋形剂结果显示在不影响疫苗安全性的前提下，LS 和 TD 使小反刍兽疫病毒冻干疫苗具有更高的稳定性（Sarkar et al. 2003）。如果用 0.85% 的氯化钠和 1mol/L 的硫酸镁，LS 稳定剂也可以在室温下对接种了牛瘟疫苗的 vero 细胞维持多达 4 小时的保护性滴度（Mariner et al. 1990）。另外，一种增强小反刍兽疫病毒 Nigeria 75/1 疫苗稳定的方法是对海藻糖进行脱水（Worrall et al. 2000）。经过上述努力，使得疫苗可在 45℃ 稳定保存 14 天，效价亏损最少。世界动物卫生组织（OIE）推荐使用 WBM 作为小反刍兽疫病毒冻干疫苗的稳定剂。然而，这种疫苗仍然易受温度的影响（Sarkar et al. 2003）。减毒活疫苗的热稳定性可以通过适当的稳定剂结合重水的使用得以提高，如脊髓灰质炎和黄热病疫苗（Wu et al. 1995；Adebayo et al. 1998）。使用重水作为稀释液时，可用氘来提高小反刍兽疫病毒的热稳定性。使用重水－$MgCl_2$ 作为小反刍兽疫病毒疫苗的稀释液，可以使滴度为 $10^{2.5}$ $TCID_{50}$/mL 小反刍兽疫病毒疫苗在 37℃和 40℃时的稳定性从常规的 14 天延长到 28 天。总之，在重水稀释液中，含氘的病毒比常规病毒显示出更高的滴度（Sen et al. 2010）。

除了疫苗储运过程中的稳定性问题，在疫苗生产过程中一些不利因素也会影响最终病毒效价。作为一种有包膜的病毒，小反刍兽疫减毒活疫苗在进行大量细胞培养时稳定性会因为温度而降低。据报道，小反刍兽疫病毒减毒活疫苗的固有稳定性可以通过高浓度的葡萄糖或果糖得到提升（Silva et al. 2008），或者较高浓度的 WBM 也用于疫苗的生产（Diallo 2004）。为了确定 WBM 中蔗糖和海藻糖的作用，Silva 等人（2011）发现，在放射免疫吸附剂海藻糖溶液形式下病毒的半衰期在 37℃和 4℃时分别为 21 小时和 1 个月。以冻干的形式，同样条件下可以保持病毒滴度在 1×10^4 $TCID_{50}$/mL（>10 doses/mL）以上 4℃至少 21 个月（损失 0.6 log），37℃时为 144 小时（损失 0.6 log），45℃时为 120 小时（损失 1 log）。在 37℃下添加 25 mmol/L 的果糖会导致更高的病毒生成量（增加 1 log）和更高的稳定性（比在 25 mmol/L 葡萄糖下高 2.6 倍）。提高 NaCl 的浓度可以促进病毒释放，减少病毒收获液中的细胞碎片。此外，相比通常应用的反复冻 - 融过程，收集病毒的方式得以改进以便更适合大规模生产（Silva et al. 2011）。

6.4 小反刍兽疫病毒重组标记疫苗

谱系 I 型（Nigeria/75/1）或谱系 IV 型（Sungri/96，Arasur/87 和 Coimbatore/97）PPRV 减毒疫苗的热稳定性的改进，对于重组疫苗 DNA 的设计是很重要的。这些标记疫苗对于保持热稳定性，适应抵抗多种疫病的多价疫苗，区分感染与疫苗接种动物（DIVA）以及便于血清监测是至关重要的。一些研究已经开始了重组疫苗的构建。已经构建了牛瘟病毒（RPV）相关抗原基因（异源的）与小反刍兽疫病毒基因（同源的）重组而成的疫苗株，并比较了该疫苗对小反刍兽疫病毒的保护效果。

6.4.1 小反刍兽疫病毒异源标记疫苗

基于抗原相似度的优势，能够将 RPV 和 PPRV 的表面蛋白抗原（F 和 H/HN）相互转换来保护动物抵抗这两种病毒的入侵。在牛瘟是主要动物疫病时，构建了一种重组牛痘病毒制成的标记疫苗，该重组疫苗含有 RPV 的 F 和 H 基因，不但能够保护动物抵抗 RPV 感染还能够完全抵抗 PPRV 的感染，但只有 RPV 中和抗体能被检测到（Jones et al. 1993）。这些结果表明 RPV 的 H 和 F 蛋白可用来交叉保护 PPRV，但仍然需要进一步确定这两个蛋白中到底是哪一个蛋白引起的免疫反应具有更强的保护效果。含有 RPV 的 H 或 F 基因的重组羊痘病毒完全保护了动物抵抗 PPRV 的感染（Romero et al. 1995）。未测试该疫苗抵抗羊痘病毒、PPRV 和 RPV 的保护效率。事实上，以上重组疫苗产生了保护动物抵抗 PPRV 的作用，但并没有阻碍 PPRV 的复制，尤其在免疫初期，这可能是由于在更早的时候已经形成了局部免疫。尽管如此，这些疫苗仍然可称得上是成功的异源标记疫苗，而且能够在重组疫苗特别是防止 PPRV 的疫苗连续失败的情况下进行使用。

6.4.2 小反刍兽疫病毒同源标记疫苗

前面曾简单提到，PPRV 的血凝素神经氨酸酶（HN）蛋白对介导病毒结合到宿主细胞膜十分重要，而 F 蛋白可促进病毒入侵（详见本书 2.3）。这一过程对于病毒从一个细胞传播到另一个细胞是必不可少的。此外，F 蛋白对于诱导一个有效的保护性的免疫反应也非常重要。出于上述考虑，可以做出一个合理的假设：抵抗这两个蛋白的免疫作用对于阻止感染的发生，切断感染的继续传播是很重要的。已开展的研究表明，评估每一个蛋白对 PPRV 的作用，其结果都颇有争议。

利用重组 DNA 技术使大多数麻疹病毒的 F 蛋白在痘病毒或痘苗病毒中表达，已经证明可以获得有效的疫苗。基于对 PPRV 的这个共有的性质，一个重组羊痘病毒表达的小反刍兽疫 F 蛋白可以保护羊群抵抗小反刍兽疫和羊痘两种疫病，可以同时抵抗小反刍兽疫病毒（皮下注射 10^4 Guinea-Bissau/89）和羊痘病毒（皮内接种 0.2mL Yemen 分离株）的攻击。得出结论为低剂量时就（0.1 PFU）对两种疫病产生保护性可以降低疫苗控制成本（Berhe et al. 2003）。

近年来，已经证实一种细胞外的重组杆状病毒表达 PPRV 的 HN 蛋白，产生了病毒中和抗体反应，牛白细胞抗原（BoLA）Ⅱ型限制性辅助 T 细胞反应以及 BoLA Ⅰ型限制性细胞毒性 T 细胞（CTL）反应。此外，用这种方法免疫的动物对 PPRV 具有抵抗力，产生的抗体能够中和 PPRV 和 RPV 两种病毒（Sinnathamby et al. 2004）。结果表明，PPRV 的 HN 糖蛋白足以在不同品系的牛体内产生持久的体液和细胞介导的免疫反应，并可以作为一种潜在的亚单位疫苗来抵抗 PPRV 和 RPV。这种免疫优势性状被定位到 PPRV 病毒的 HN 蛋白上一个高度同源区域上（400—423 位氨基酸）。研究表明，杆状病毒可以感染各种各样的哺乳动物细胞，但并不在这些细胞中复制，可能有利于重组杆状病毒依赖的疫苗靶向抗原递呈细胞发挥有效递呈作用，从而产生更好的免疫反应（Ghosh et al. 2002）。

大家主要关注点仍然在与 PPRV 免疫原性相关的 HN 蛋白上，而 F 蛋白的免疫原性还没有详细的研究。但是 F 蛋白也是非常重要的，它不仅在病毒传染上起重要作用，而且也是产生保护性免疫的主要成分。这一点可以从 F 蛋白诱导的超免疫血清可以抑制 PPRV 诱导的细胞融合以及 F 蛋白介导的溶血反应中看出来（Devireddy et al. 1999）。重组 F 蛋白引发的保护性免疫可以抵抗兔化牛瘟病毒（Devireddy et al. 1998）。值得注意的是副黏病毒的 F 蛋白具有很高的氨基酸同源性，预测其有保守的生物学活性（Lamb 1993）。

为了了解 F 蛋白的免疫原性以及以其作为候选标记疫苗株的可能性，Rahman 等人（2003）构建了一种重组家蚕核型多角体病毒（BmNPV），可以表达 PPRV F 蛋白和 RPV H 蛋白的抗原表位（Rahman et al. 2003）。实验表明，BmNPV 表达的 PPRV F 蛋白或者 RPV H 蛋白可展示在病毒粒子表面，也表达在病毒感染的细胞表面和宿主幼虫的脂肪组织（彩图 6.1）。在重组 BmNPV 中表达的 H 和 F 蛋白的免疫原性在成年雌性 BALB/c 小鼠中也得到验证。通过腹腔内接种纯化的重组病毒后，可以获得抵抗这两种蛋白的高滴度抗体。有趣的是，由这些病毒蛋白（F 和 H/HN）诱导产生的抗体在中和其他种病毒的能力差不多（表 6.2）。然而，RPV-H 抗体的病毒中和滴度比 PPRV-F 抗体低，而且对抵抗 PPRV 作用也较低。因为已知 PPRV 具有血凝反应活性（Ramachandran et al. 1995），PPRV-F 和 RPV-H 抗 BmNPV 抗原的抗血清，显示出能够抑制 PPRV 血凝作用。PPRV-F 抗体的血凝抑制效价比抗 RPV-H 抗体的效价高 4 倍。和预期的一样，免疫前血清或者从感染了野生型 BmNPV 的小鼠体内获得的血清没有抑制性（表 6.2）（Rahman et al. 2003）。

表 6.2　所展示蛋白的抗血清的功能活性

性能	—	产生的抗体		
		BmNPV 表达 PPR 的 F 蛋白	BmNPV 表达 RPV 的 H 蛋白	野生型 BmNPV
病毒中和滴度 *	PPRV（Nig 75/1）	640	160	0
	RPV（RBOK）	640	320	0
血凝反应抑制滴度 **	—	640	160	0

* 病毒中和滴度是能够中和 50% 病毒感染的血清最高稀释倍数的倒数；

** 血凝抑制滴度是能够抑制 PPRV 血凝反应活性的血清最高稀释倍数的倒数。

基于这些结果，可以总结出用分别表达 PPRV 和 RPV 的 F 蛋白和 H 蛋白的 BmNPV 感染宿主幼虫其传染性能得以保留；可以利用 B. Mori 幼虫进行重组抗原的大规模生产来代替细胞培养系统。另外，在不需要纯化重组蛋白的情况下，通过杆状病毒展示系统表达蛋白可快速生产有效抗原，加之重组杆状病毒也有良好的生物安全性，因此，应用重组杆状病毒疫苗接种应该是一种安全的方法（Rahman et al. 2003）。

鉴于大规模生产和 F 蛋白作为标记疫苗的潜力，Singh 和他的同事们尝试了通过口服或者注射表达 F 蛋白的幼虫提取物来免疫山羊。遗憾的是，无论是 PPRV 抗原或者抗体都没被检测到。从这些山羊体内得到的血清在免疫后至少 56 天内不能够中和 PPRV。后来推测因为 F 蛋白主要引起宿主细胞免疫反应（Diallo et al. 2007），鉴于此应确定一个更好的山羊免疫状态评价标准（Sen et al. 2010）。

科学家们已经下了很大的工夫想要从克隆 DNA（感染性克隆）中拯救出完整的 PPRV。可是，仍没有有效的这种感染性克隆可以用作标记疫苗。因此，之前构建的 RPV 感染性克隆就被用作 PPRV 的标记疫苗。起初，Das 等人（2000）创造了一种嵌合的 RPV，可以携带 F 基因或者 HN 基因，或者两者均有，该嵌合病毒可以用 PPRV 相应的基因来进行替代。有趣的是，这两种表面糖蛋白（F 和 HN）的共同作用对病毒的生长十分重要，因为只嵌合一种基因的 RPV 病毒并不能在细胞培养系统中生长。被拯救出来能够表达的 PPRV 的 F 和 HN 糖蛋白的病毒在组织培养中生长速度比亲本病毒慢，并且形成了巨大的不规则的合胞体。不管它们在细胞培养中的生长情况，通过临床症状、体温、白血球数量、病毒分离及血清学评估发现，被嵌合体感染的山羊没有表现不良反应，能够免受后来的野生型 PPRV 的侵害。基于上述以及其他综合性结果，可以推测这些嵌合型病毒可以被用作基因标记疫苗，可以用来控制 PPRV，用于需要 PPRV 流行病学血清监测和接种疫苗后病原传播的监测（Das et al. 2000）。

为了改善仅用 PPRV 相应基因替换了 F 和 HN 基因的嵌合型 RPV 生长缓慢的状况，Mahapatra 等人（2006）构建了一种三重嵌合体病毒，它包含了另外的 PPRV 的 M 基因。考虑到低生长率可能起因于表面糖蛋白与病毒的内部组分特别是 M 蛋白的非同源相互作用，三重嵌合体的生长得到改善，它能达到和未修饰的 PPRV 一样高的滴度，不过滴度比亲本 RPV 病毒的要低一些。

正如双重嵌合体（F 和 HN）一样，三嵌合体病毒并不会引起免疫的山羊任何不良反应，保护山羊免受野生型 PPRV 的侵害（Mahapatra et al. 2006）。在随后几年，同一团队拯救出能够表达来源于 PPRV 的核壳体蛋白的嵌合 RPV，并被建议用于标记疫苗（Parida et al. 2007）。

综合这些研究结果可以看出，设计一个基于 RPV 和 PPRV 的 HN 蛋白和 N 蛋白的单克隆抗体检测方法可以用于 DIVA 策略（Libeau et al. 1994；Libeau et al. 1995）。此外，运用相同的方法，可以区分免疫后动物随后再被这两种疫病感染（Mahapatra et al. 2006）的情况。应用于竞争性 ELISA 的单克隆抗体与 RPV 和 PPRV 都有交叉反应。因此，这个试验限制了标记疫苗的实际应用，这个事实强调了研制出一个较好的结合试验是必需的。尽管 N 蛋白已经被用于大量的诊断试验，但是 N 蛋白的羧基端在麻疹病毒属中似乎具有高度的可变性，已经被报道其从病毒核衣壳表面突出来（Heggeness et al. 1981）。N 蛋白是合适的从 PPRV 中区分 RPV 的试验的候选者。最近做出的一个实质性的贡献是 RPV 的 N 蛋白羧基端可变区域在埃希氏杆菌中表达，随后被用于开发可以鉴别嵌合疫苗免疫动物的血清学间接 ELISA（Parida et al. 2007）。

为了能够保持对 PPRV 的免疫原性，科学家们已经做了改进疫苗耐热性的一些努力。他们以一种简单的具有生物活性作用的形式在花生（*Arachis hypogea*）上表达了 PPRV 的 HN 蛋白。有趣的是观察到花生上表达的蛋白在它们的天然构象上保留了免疫显性表位。通过口服免疫，在绵羊身上分析了该植物衍生出的 HN 蛋白的免疫原性。在缺乏任何黏膜佐剂的情况下，引起绵羊病毒中和抗体免疫反应。此外，发现在黏膜免疫绵羊体内存在有抗 PPRV-HN 特性的细胞介导的免疫应答（Khandelwal et al. 2011）。

6.5 多价疫苗

和其他的并发感染一样，尤其是蓝舌病病毒（BTV）（Mondal et al. 2009）、绵羊痘病毒（SPV）、山羊痘病毒（GPV）（Saravanan et al. 2007）和瘟病毒（Kul et al. 2008），PPRV 被认为具有显著地抑制免疫力作用。由于这些疫病的地域分布原因，比如，GPV 和 PPRV 在发展中国家都需要经济基础来支持联合疫苗接种项目，设计多价（双价或三价）疫苗成为了一个时代的需求。此外，实际应用这些多价疫苗来控制常见的疫病的确可以帮助贫困国家减缓疫病传播。

人类多价疫苗的发展有了很大的进步。有一个可以共同使用的四价疫苗，包含儿童相关的麻疹，腮腺炎，风疹和水痘（Swartz et al. 1974）。这种有利的疫苗构建在兽医工作中被严重地忽略；只有很少的多价疫苗用于宠物和家禽。对于犬类，有一种有效多价疫苗可以防控犬瘟热病毒、犬腺病毒 2 型、犬细小病毒 2b 型和犬副流感病毒（Abdelmagid et al. 2004）。除了这些，同样的包含了改良的牛传染性鼻气管炎活病毒株、牛病毒性腹泻、副流感病毒 3 以及牛呼吸道合胞体病毒的冻干疫苗当前被美国辉瑞制药公司推向市场，商品名为 BOVISHIELD®（辉瑞动物保健公司）。

考虑到多价疫苗巨大的效益，当前研制出的疫苗既能保护免疫的动物抵抗几种病毒微生物的侵害，也能应用 PPRV 的 DIVA 测验来区分接种疫苗的动物和感染的动物。如前所述，PPRV 是一种折叠 RNA 病毒，有 F 和 HN 两个表面糖蛋白，它们决定了对 PPRV 感染的保护性免疫状态。这使得通过各种各样载体系统表达这些糖蛋白（F 和 HN），就可以被用作有效的亚单位疫苗。通过这种方法，研制了一种双价重组疫苗来保护小反刍动物免受 PRRV 和痘病毒感染。绵羊痘和山羊痘是小反刍动物传染病，尤其是分别对绵羊和山羊。它们的主要特征为发热、流涎和继发鼻腔支气管肺炎。同属病毒的另一成员引起牛的感染（牛的结节性疹）。有效的减毒疫苗已经被用于控制羊痘病毒传染（Kitching et al. 1987）。

因此，用痘病毒来作为 PPRV 的免疫原性基因的表达载体是合理的，因为二者具有同样的地域分布。最初，Diallo 等人（2002）报道了一种表达 PPRV HN 蛋白的重组羊痘病毒。他们展示了用至少 10 $TCID_{50}$ 剂量的这种重组羊痘病毒免疫的山羊对强毒 PPRV 具有防护作用（Diallo et al. 2002）。翌年，PPRV 的 F 基因整合到来自同属的羊痘病毒骨架载体。用剂量低至 0.1 PFU 的这种重组羊痘病毒疫苗免疫动物，表现出了对这两种重要经济性疫病（PPRV 和 GPV）的保护（Berhe et al. 2003）。比较这两种疫苗，表达 HN 蛋白的重组羊痘病毒比表达 F 蛋白的重组羊痘病毒需要更高的剂量（大约 100 倍）来保护小反刍动物免受 PPRV 侵害。尽管这两种重组病毒在非常低的剂量下都表现出全面的保护作用，但它们中和 PPRV 的能力和随后对病毒分泌物的抑制依然还不能确定。

最近，在一个综合性研究中，再一次用羊痘病毒为疫苗载体研究了这两种表面糖蛋白（F 和 HN）的潜在作用（Chen et al. 2010）。作者比较了表达 PPRV F 蛋白或者 HN 蛋白（rCPV-PPRVHN）的重组羊痘病毒（rCPV）。用不同剂量重组病毒免疫的研究显示，rCPV-PPRVHN 比 rCPV-PPRVF 更能够诱导 PPRV 病毒中和抗体（图 6.1a）。一个剂量的 rCPV-PPRVHN 足以使 80%免疫的绵羊发生血清转化（图 6.1b）。第二次接种将诱导 PPRV 中和抗体滴度明显的升高。山羊和绵羊的 PPRV 中和抗体反应没有显著的差别。此外，用 rCPV-PPRVHN 接种也可以保护山羊免受致病性羊痘病毒的侵害（Chen et al. 2010）。他们提出，这种疫苗可能是 DIVA 疫苗可行的有效替代品，它可以和抵抗 N 蛋白的 ELISA 一起在 PPR 新发国家或者实施扑灭计划的地区共同应用。

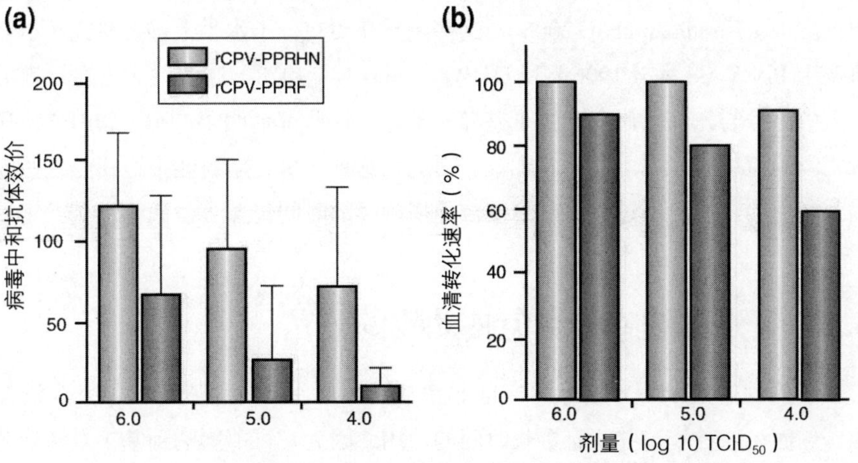

图 6.1 不同剂量的 rCPV-PPRH 和 rCPV-PPRF 接种山羊的病毒中和反应（a）和血清转换（b）

此图经过 Chen 等（2010）同意后进行了修改。

相应地，已经开发出一种 Vero 细胞用于研制抵抗绵羊痘（Romanian Fanar 株）和 PPR（Sungri/96 株）的联合疫苗。研究发现该二联疫苗可以同时保护小反刍动物抵抗 PPR 和绵羊痘，血清转化以及保护绵羊同源病毒的侵害均很明显，说明了该疫苗毒之间的免疫原性并没有相互干扰（Chaudhary et al. 2009）。用 PPR 活疫苗进行单一免疫能够保持血清抗体保护性水平长达 4 年，而绵羊痘疫苗的免疫保护至少 2 年。使用联苗或多价苗可以带来很大的便利，既大大降低免疫成本，又可减小动物应激和防疫员的工作压力。

科研人员已经做了大量工作来评估多价疫苗在野外条件下的免疫保护性水平和免疫持续期。其中一项工作在喀麦隆开展，用带有减毒的 PPRV75/l 毒株和羊痘病毒 RM 65 毒株的混合疫苗免疫 20 只山羊，然后用 PPR 和山羊痘田间强毒株攻击感染（Martrenchar et al. 1997）。遗憾的是，在测试后发现，RM 65 毒株不能作为抵抗山羊痘田间强毒株的有效疫苗。作者推测这些疫苗之所以失败是因为 RM 65 毒株和山羊痘田间毒株之间缺少交叉保护作用，或者因为 RM 65 疫苗源于 Vero 细胞培养体系培养获得（Martrenchar et al. 1997）。基于观察到的这些结果，对绵羊和山羊痘病毒的部分保护作用，建议采用一种同源性疫苗来进行全面的防控（Bhanuprakash et al. 2006）。与这个报道相反的是，一种针对 PPRV 和山羊痘病毒的联合疫苗诱导了保护性免疫反应并对山羊维持了同源性防护（Hosamani et al. 2006）。这些差异需要在分子水平上进行研究，尽管事实上 PPRV（Sungri 1996）和 GTPV（Uttarkashi 1978）这两种病毒在后来的研究中已经与先前的研究产生了差异。不过，这些都证明了 PPRV 和山羊痘病毒之间的免疫原性并不会相互干扰，因此，这种二价疫苗可能很适用于这些疫病都流行的区域。不过，该联合疫苗免疫持续的时间仍然有待商榷。

6.6 区分自然感染和免疫动物的疫苗

当前现有的 PPRV 减毒活疫苗非常成功，已在 PPRV 流行的国家广泛使用。然而，这种疫苗并不宜更长时间的使用，因为它可能影响到基于血清诊断的疫病监测，并可能导致相关国家无疫状态地位的丧失。主要原因在于动物接种这种减毒活疫苗后的抗体反应并不能与自然感染动物的抗体反应区分开来。最终，病毒的血清监测将会难以执行，尤其在病毒流行和疫苗接种已经实施或者正在实施的区域。接种疫苗对控制疫病非常重要，而血清监测对评估感染率也非常必要，因此，设计一种用于区分自然感染与接种免疫动物（DIVA）的疫苗来防控疫病已成为必然。

Baro 教授实验室（原 Barret 教授的实验室）耗费了巨大的努力从感染性 cDNA 克隆中去拯救完整 PPRV。目前，有人（Satya Parida，个人交流资料）表示可能要拯救出 PPRV Nig/75/1 毒株。然而，利用可用的 RPV 传染性克隆，一些嵌合结构被用于 PPRV 和 RPV 不同基因的互换，为了最终改进标记疫苗和 DIVA 疫苗，他们确定了该疫苗的免疫原性和免疫功能。Buczkowski 等

(2012)描述了一种用 RPV 作为嵌合病毒框架来验证麻疹病毒标记疫苗的新机制，他们还讨论了用这种方法来提高 PPRV 标记疫苗的适用范围(Buczkowski et al.2012)。

尽管在最近几年中 DIVA 研究取得了显著地进展，但目前并没有具体的 DIVA 系统是完全可用的。因此，这就需要识别和有选择性地从 PPRV 基因组中删除一些基因来构建感染性克隆。可以预计这种克隆将会促进“标记疫苗”的发展，通过联合适当的诊断试验，可通过野生型病毒诱导的疫苗(删除基因没有抗体生产)引发的不同抗体反应来区别接种疫苗动物与感染动物。现在可用的或者正在开发的这种 DIVA 疫苗及其配套的诊断检测方法对包括牛传染性鼻气管炎、伪狂犬病、古典猪瘟和口蹄疫等这些疫病的控制都很有价值(Meeusen et al. 2007)。

6.7 RNA 干扰控制小反刍兽疫病毒

最近，一种基于分子遗传学新技术所建立的新方法被用来控制麻疹病毒。(Servan de Almeida et al. 2007)。这种方法被称为 RNA 干扰(RNAi)，它是真核细胞的自然生物机制。RNAi 允许多细胞生物控制其自身许多基因的表达水平。这个过程包括短 RNA 片段能够阻断 DNA 表达的遗传密码读取并翻译成的蛋白质的能力：这个片段就是干扰 RNA。它们阻止作为一个包括蛋白质生产基因信息的信使 RNA 的基本功能。实际上，所谓的干扰 RNA 具体连接到目标 mRNA，导致 mRNA 的恶化，因此抑制其相应蛋白质的表达。由此显示，3 个针对 PPRV 的 N 基因而合成干扰 RNA 能够抑制超过 80% 的病毒的体外复制。它们以引发 PPRV 的 N 基因的信使 RNA 为目标，阻止病毒的复制过程。下一步就是评估这些干扰 RNA 在体内的抗病毒作用。希望新的方法能够为 PPRV 治疗性疫苗的开发打开道路，使给养殖户提供安全有效疫苗的愿景成为可能(Servan de Almeida et al. 2007)。

6.8 结论

近几年，PPRV 核酸检测方面的研究有了实质性的进展。针对某些临床样本，实时定量 PCR 技术为 PPRV 定性诊断和定量检测提供了新颖有效的方法。

然而，这些诊断方法并不是在所有的诊断实验室都是现成的，尤其在发展中国家。它们需要建立成本低廉且不受限于实验室条件的可靠、敏感而有效的诊断方法。因此，可以看出增加多元化诊断手段和数量是一种大趋势。如果这样做，用更少的时间设计更实用、更能让发展中国家负担得起且在实验室里不必需要高科技设施的方法则显得非常重要。尽管多数的 PPRV 谱系具有地域性流行特征，但在诸如苏丹和乌干达也有多种谱系混合流行的报道。目前，还没有设计出可用于区分所有 PPRV 谱系的分子诊断方法，这就需要进一步深入研究。

尽管动物疫苗在动物保健品中仅占 23% 贡献率，但是，这个趋势正在快速上升。使用疫苗总会让人觉得更好一些，因为疫苗的使用可以相应减少兽药、激素等药物的使用，从而降低人类食物链中有害物质残留，进而对公共卫生产生良好的影响。此外，疫苗对家畜和宠物的健康成长做出了很大的贡献，而且动物福利的增加也促进了疫苗的使用。从这方面来看，防控 PPR 的最终策略是亟须研制出价廉、有效以及多价的新型疫苗。针对 PPR 的所有这些方面的研究都在进行之中，期待不久将能广泛应用一个集诊断、免疫和鉴别免疫及感染的高效防控技术。

（赵志荀，吴娜，李健，张强　译；尚佑军　校）

参考文献

Abdelmagid OY, Larson L, Payne L, Tubbs A, Wasmoen T, Schultz R (2004) Evaluation of theefficacy and duration of immunity of a canine combination vaccine against virulentparvovirus, infectious canine hepatitis virus, and distemper virus experimental challenges. VetTherapeutics Res Appl Vet Med 5(3):173–186.

Adebayo AA, Sim-Brandenburg JW, Emmel H, Olaleye DO, Niedrig M (1998) Stability of 17Dyellow fever virus vaccine using different stabilizers. Biologicals 26(4):309–316.

Adu FD, Nawathe DR (1981) Safety of tissue culture rinderpest vaccine in pregnant goats. TropAnim Health Prod 13(3):166.

Anderson J, McKay JA (1994) The detection of antibodies against peste des petits ruminantsvirus in cattle, sheep and goats and the possible implications to rinderpest controlprogrammes. Epidemiol Infect 112(1):225–231.

Asim M, Rashid A, Chaudhary AH (2008) Effect of various stabilizers on titre of lyophilized iveattenuated Peste des Petits Ruminants (PPR) Vaccine. Pakistan Vet J 28(4):203–204.

Balamurugan V, Sen A, Saravanan P, Singh RP, Singh RK, Rasool TJ, Bandyopadhyay SK(2006) One-step multiplex RT-PCR assay for the detection of peste des petits ruminants virusin clinical samples. Vet Res Commun 30(6):655–666.

Bao J, Li L, Wang Z, Barrett T, Suo L, Zhao W, Liu Y, Liu C, Li J (2008) Development of onestep real-time RT-PCR assay for detection and quantitation of peste des petits ruminants virus.J Virol Methods 148(1–2):232–236.

Berhe G, Minet C, Le Goff C, Barrett T, Ngangnou A, Grillet C, Libeau G, Fleming M, BlackDN, Diallo A (2003) Development of a dual recombinant vaccine to protect small ruminantsagainst peste-des-petits-ruminants virus and capripoxvirus infections. J Virol77(2):1 571–1 577.

Bhanuprakash V, Indrani BK, Hosamani M, Singh RK (2006) The current status of sheep poxdisease. Comp Immunol Microbiol Infect Dis 29(1):27–60.

Bodjo SC, Kwiatek O, Diallo A, Albina E, Libeau G (2007) Mapping and structural analysis of B-cell epitopes on the morbillivirus nucleoprotein amino terminus. J Gen Virol 88(Pt4):1 231–1 242.

Bonniwell MA (1980) The use of Tissue Culture Rinderpest Vaccine to protect sheep and goats against peste des petits ruminants in the Ashanti region of Ghana. Bull Off Int Epiz92:1 233–1 238.

Bourdin P, Rioche M, Laurent A (1970) Emploi d'un vaccin antibovipestique produit sur culturescellulaires dans la prophylaxie de la peste des petits ruminants au Dahomey. Rev Elev MedVet Pays Trop 23:295–300.

Buczkowski H, Parida S, Bailey D, Barrett T, Banyard AC (2012) A novel approach to generating morbillivirus vaccines: negatively marking the rinderpest vaccine. Vaccine 30(11):1 927–1 935.

Chaudhary SS, Pandey KD, Singh RP, Verma PC, Gupta PK (2009) A vero cell derived combined vaccine against sheep pox and Peste des Petits ruminants for sheep. Vaccine27(19):2 548–2 553.

Chen W, Hu S, Qu L, Hu Q, Zhang Q, Zhi H, Huang K, Bu Z (2010) A goat poxvirus-vectoredpeste-des-petits-ruminants vaccine induces long-lasting neutralization antibody to high levelsin goats and sheep. Vaccine 28(30):4 742–4 750.

Choi KS, Nah JJ, Ko YJ, Kang SY, Yoon KJ, Jo NI (2005) Antigenic and immunogenic investigation of B-cell epitopes in the nucleocapsid protein of peste des petits ruminants virus.Clin Diagn Lab Immunol 12(1):114–121.

Cosby S, Kai C, Yamanouchi K (2005) Immunology of rinderpest- an immunosuppression but alifelong vaccine protection. Rinderpest and peste des petits ruminants. Virus plagues of largeand small ruminants. Academic Press, Elsevier, Amsterdam.

Couacy-Hymann E, Roger F, Hurard C, Guillou JP, Libeau G, Diallo A (2002) Rapid and sensitive detection of peste des petits ruminants virus by a polymerase chain reaction assay.J Virol Methods 100:17–25.

DasSC, Baron MD, Barrett T (2000) Recovery and characterization of a chimeric rinderpestvirus with the glycoproteins of peste-des-petits-ruminants virus: homologous F and H proteinsare required for virus viability. J Virol 74(19):9 039–9 047.

Devireddy LR, Raghavan R, Ramachandran S, Shaila MS (1999) The fusion protein of peste despetits ruminants virus is a hemolysin. Arch Virol 144(6):1 241–1 247.

Devireddy LR, Raghavan R, Ramachandran S, Subbarao SM (1998) Protection of rabbits againstlapinized rinderpest virus with purified envelope glycoproteins of peste-des-petits-ruminantsand rinderpest viruses. Acta Virol 42(5):299–306.

Dhinakar Raj G, Nachimuthu K, Mahalinga Nainar A (2000) A simplified objective method for quantification of peste des petits ruminants virus or neutralizing antibody. J Virol Methods89(1–2):89–95.

Diallo A (1990) Morbillivirus group: genome organisation and proteins. Vet Microbiol23(1–4):155–163.

Diallo A (2004) Peste des Petits Ruminants. In: Manual of diagnostic tests and vaccines forterrestrial animals. OIE.

Diallo A, Barrett T, Barbron M, Meyer G, Lefevre PC (1994) Cloning of the nucleocapsid proteingene of peste-des-petits-ruminants virus: relationship to other morbilliviruses. J Gen virol75(Pt 1):233–237.

Diallo A, Libeau G, Couacy-Hymann E, Barbron M (1995) Recent developments in the diagnosis of rinderpest and peste des petits ruminants. Vet Microbiol 44(2–4):307–317.

Diallo A, Minet C, Berhe G, Le Goff C, Black DN, Fleming M, Barrett T, Grillet C, Libeau G (2002) Goat immune response to capripox vaccine expressing the hemagglutinin protein ofpeste des petits ruminants. Ann N Y Acad Sci 969:88–91.

Diallo A, Minet C, Le Goff C, Berhe G, Albina E, Libeau G, Barrett T (2007) The threat of pestedes petits ruminants: progress in vaccine development for disease control. Vaccine25(30):5 591–5 597.

Diallo A, Taylor WP, Lefèvre PC, Provost A (1989) Atténuation d'une souche de virus de lapeste des petits ruminants : candidat pour un vaccin homologue vivant. Rev Elev Med VetPays Trop 42:311–317.

Eligulashvili R, Bumbarov V, Yadin H (2002) Comparison of the avidin-biotin and polymerdetection systems for rapid recognition of peste des petits ruminants (PPR) virus in situ. BulgJ Vet Med 5(4):229–232.

Forsyth MA, Barrett T (1995) Evaluation of polymerase chain reaction for the detection and characterisation of rinderpest and peste des petits ruminants viruses for epidemiologicalstudies. Virus Res 39(2–3):151–163.

Ghosh S, Parvez MK, Banerjee K, SarinSK, Hasnain SE (2002) Baculovirus as mammalian cellexpression vector for gene therapy: an emerging strategy. Mol Ther J Am Soc Gene Ther6(1):5–11.

Gibbs EP, Taylor WP, Lawman MJ, Bryant J (1979) Classification of peste des petits ruminantsvirus as the fourth member of the genus Morbillivirus. Intervirology 11(5):268–274.

Gilbert Y, Monnier J (1962) Adaptation du virus de la peste des petits ruminants aux culturescellulaires. Rev Elev Med Vet Pays Trop 15:321.

Haffar A, Libeau G, Moussa A, Cecile M, Diallo A (1999) The matrix protein gene sequenceanalysis reveals close relationship between peste des petits ruminants virus (PPRV) anddolphin morbillivirus. Virus Res 64(1):69–75.

Hamdy FM, Dardiri AH, Nduaka O, Breese SRJ, Ihemelandu EC (1976) Etiology of thestomatitis pneumcenteritis complex in Nigerian dwarf goats. Can J Comp Med 40:276–284.

Heggeness MH, Scheid A, Choppin PW (1981) The relationship of conformational changes in the Sendai virus nucleocapsid to proteolytic cleavage of the NP polypeptide. Virology114(2):555–562.

Hosamani M, Singh SK, Mondal B, Sen A, Bhanuprakash V, Bandyopadhyay SK, Yadav MP,Singh RK (2006) A bivalent vaccine against goat pox and Peste des Petits ruminants inducesprotective immune response in goats. Vaccine 24(35–36):6 058–6 064.

Ismail TM, Yamanaka MK, Saliki JT, el-Kholy A, Mebus C, Yilma T (1995) Cloning and expression of the nucleoprotein of peste des petits ruminants virus in baculovirus for use inserological diagnosis. Virology 208(2):776–778.

Jones L, Giavedoni L, Saliki JT, Brown C, Mebus C, Yilma T (1993) Protection of goats against peste des petits ruminants with a vaccinia virus double recombinant expressing the F and Hgenes of rinderpest virus. Vaccine 11(9):961–964

Keerti M, Sarma BJ, Reddy YN (2009) Development and application of latex agglutination test for detection of PPR virus. Indian Vet J 86:234–237.

Khandelwal A, Renukaradhya GJ, Rajasekhar M, Sita GL, Shaila MS (2011) Immune responsesto hemagglutinin-neuraminidase protein of peste des petits ruminants virus expressed intransgenic peanut plants in sheep. Vet Immunol Immunopathol 140(3–4):291–296.

Kitching RP, Hammond JM, Taylor WP (1987) A single vaccine for the control of capripoxinfection in sheep and goats. Res Vet Sci 42(1):53–60.

Kul O, Kabakci N, Ozkul A, Kalender H, Atmaca HT (2008) Concurrent peste des petitsruminants virus and pestivirus infection in stillborn twin lambs. Vet Pathol 45(2):191–196.

Kwiatek O, Keita D, Gil P, Fernandez-Pinero J, Jimenez Clavero MA, Albina E, Libeau G (2010)Quantitative one-step real-time RT-PCR for the fast detection of the four genotypes of PPRV.J Virol Methods 165(2):168–177.

Lamb RA (1993) Paramyxovirus fusion: a hypothesis for changes. Virology 197(1):1–11.

Laurent A (1968) Aspects biologiques de la multiplication du virus de la peste des petitsruminants ou PPR sur cultures cellulaires. Rev Elev Med Vet Pays Trop 21(3):297–308.

Lefevre PC, Diallo A, Schenkel F, Hussein S, Staak G (1991) Serological evidence of peste despetits ruminants in Jordan. Vet Rec 128(5):110.

Li L, Bao J, Wu X, Wang Z, Wang J, Gong M, Liu C, Li J (2010) Rapid detection of peste despetits ruminants virus by a reverse transcription loop-mediated isothermal amplification assay.J Virol Methods 170(1–2):37–41.

Libeau G, Diallo A, Colas F, Guerre L (1994) Rapid differential diagnosis of rinderpest and pestedes petits ruminants using an immunocapture ELISA. Vet Rec 134(12):300–304.

Libeau G, Prehaud C, Lancelot R, Colas F, Guerre L, Bishop DH, Diallo A (1995) Development of a competitive ELISA for detecting antibodies to the peste des petits ruminants virus using arecombinant nucleoprotein. Res Vet Sci 58(1):50–55.

Mahapatra M, Parida S, Baron MD, Barrett T (2006) Matrix protein and glycoproteins F and H of Peste-des-petits-ruminants virus function better as a homologous complex. J Gen Virol 87(Pt7):2 021–2 029.

Manoharana S, Jayakumarb R, Govindarajanc R, Koteeswarana A (2005) Haemagglutination as aconfirmatory test for Peste des petits ruminants diagnosis. Small Rumin Res 59(1):75–78.

Mariner JC, House JA, Sollod AE, Stem C, van den Ende M, MebusCA (1990) Comparison of the effect of various chemical stabilizers and lyophilization cycles on the thermostability of a Vero cell-adapted rinderpest vaccine. Vet Microbiol 21(3):195–209.

Martrenchar A, Zoyem N, Diallo A (1997) Experimental study of a mixed vaccine against pestedes petits ruminants and capripox infection in goats in Northern Cameroon. Small Rumin Res26:39–44.

McCullough KC, Sheshberadaran H, Norrby E, OBI TU, Crowther JR (1986) Monoclonalantibodies against morbilliviruses. Rev sci Tech Off Int Epiz 5(2):411–427.

Meeusen EN, Walker J, Peters A, Pastoret PP, Jungersen G (2007) Current status of veterinaryvaccines. Clin Microbiol Rev 20(3):489–510.

Mondal B, Sen A, Chand K, Biswas SK, De A, Rajak KK, Chakravarti S (2009) Evidence of mixed infection of peste des petits ruminants virus and bluetongue virus in a flock of goats asconfirmed by detection of antigen, antibody and nucleic acid of both the viruses. Trop AnimHealth Prod 41(8):1 661–1 667.

Munir M (2011) Diagnosis of Peste des Petits Ruminants under limited resource setting: A costeffective strategy for developing countries where PPRV is endemic. VDM Verlag Dr, Müller,Germany.

Munir M, Abubakar M, Khan MT, Abro SH (2009a) Comparative efficacy of single radialhaemolysis test and countercurrent immunoelectro-osmo-phoresis with monoclonal antibodies-based com-petitive elisa for the serology of peste des petits ruminants in sheep and goats.Bulg J Vet Med 12(4):246–253.

Munir M, Abubakar M, Zohari S, Berg M (2012a) Serodiagnosis of Peste des Petits RuminantsVirus. In: Al-Moslih M (ed) Serological diagnosis of certain human, animal and plantdiseases, vol 1. InTech, pp 37–58.

Munir M, Siddique M, Ali Q (2009b) Comparative efficacy of standard AGID and precipitinogeninhibition test with monoclonal antibodies based competitive ELISA for the serology of Pestedes Petits Ruminants in sheep and goats. Trop Anim Health Prod 41(3):413–420.

Munir M, Zohari S, Saeed A, Khan QM, Abubakar M, LeBlanc N, Berg M (2012b) Detection and phylogenetic analysis of peste des petits ruminants virus isolated from outbreaks in punjab,pakistan. Transboundary Emerg Dis 59(1):85–93.

Munir M, Zohari S, Suluku R, Leblanc N, Kanu S, Sankoh FA, Berg M, Barrie ML, Stahl K (2012c) Genetic characterization of peste des petits ruminants virus, sierra leone. EmergInfect Dis 18(1):193–195.

Muthuchelvan D, Sanyal A, Sreenivasa BP, Saravanan P, Dhar P, Singh RP, Singh RK,Bandyopadhyay SK (2006) Analysis of the matrix protein gene sequence of the Asian lineage of peste-des-petits ruminants vaccine virus. Vet Microbiol 113(1–2):83–87.

Nagamine K, Hase T, Notomi T (2002) Accelerated reaction by loop-mediated is othermalamplification using loop primers. Mol Cell Probes 16(3):223–229.

Norrby E, Sheshberadaran H, McCullough KC, Carpenter WC, Orvell C (1985) Is rinderpestvirus the archevirus of the Morbillivirus genus? Intervirology 23(4):228–232.

Obi TU (1984) The detection of PPR virus antigen by agar gel precipitation test and counterimmunoelectrophoresis. J Hyg 93:579–586.

Parida S, Mahapatra M, Kumar S, DasSC, Baron MD, Anderson J, Barrett T (2007) Rescue of achimeric rinderpest virus with the nucleocapsid protein derived from peste-des-petitsruminants virus: use as a marker vaccine. J Gen Virol 88(Pt 7):2 019–2 027.

Plowright W, Ferris RD (1959) Studies with rinderpest virus in tissue culture. II Pathogenicity for cattle of culture-passaged virus. J Comp Pathol 69(2):173–184.

Rahman MM, Shaila MS, Gopinathan KP (2003) Baculovirus display of fusion protein of Pestedes petits ruminants virus and hemagglutination protein of Rinderpest virus andimmunogenicity of the displayed proteins in mouse model. Virology 317(1):36–49.

Rajak KK, Sreenivasa BP, Hosamani M, Singh RP, Singh SK, Singh RK, Bandyopadhyay SK(2005) Experimental studies on immunosuppressive effects of peste des petits ruminants (PPR) virus in goats. Comp Immunol Microbiol Infect Dis 28(4):287–296.

Ramachandran S, Shaila MS (1995) Shyam G Hemagglutination and hemadsorption by peste des petits ruminants virus (PPRV). Immunobiology of viral infections. In: Schwayzer M,Ackermann M, Bertone G et al (eds) Third Congress Eur. Soc. Vet. Virol, Switzerland,pp 513–515.

Romero CH, Barrett T, Kitching RP, Bostock C, Black DN (1995) Protection of goats againstpeste des petits ruminants with recombinant capripoxviruses expressing the fusion and haemagglutinin protein genes of rinderpest virus. Vaccine 13(1):36–40.

Rossiter PB (2004) Peste des petits ruminants. In: Coetzer J (ed) Infectious disease of livestock.2nd edn. Oxford University Press, South Africa, pp 660–672.

Saliki JT, House JA, MebusCA, Dubovi EJ (1994) Comparison of monoclonal antibody-basedsandwich enzyme-linked immunosorbent assay and virus isolation for detection of peste despetits ruminants virus in goat tissues and secretions. J Clin Microbiol 32(5):1 349–1 353.

Saliki JT, Libeau G, House JA, MebusCA, Dubovi EJ (1993) Monoclonal antibody-basedblocking enzyme-linked immunosorbent assay for specific detection and titration of peste-despetits-ruminants virus antibody in caprine and ovine sera. J Clin Microbiol 31(5):1 075–1 082.

Saravanan P, Balamurugan V, Sen A, Sarkar J, Sahay B, Rajak KK, Hosamani M, Yadav MP,Singh RK (2007) Mixed infection of peste des petits ruminants and orf on a goat farm in Shahjahanpur. India Vet Rec 160(12):410–412.

Saravanan P, Sen A, Balamurugan V, Bandyopadhyay SK, Singh RK (2008) Rapid qualitycontrol of a live attenuated Peste des petits ruminants (PPR) vaccine by monoclonal antibodybased sandwich ELISA. Biolog J Int Assoc Biolog Stand 36(1):1–6.

Saravanan P, Sen A, Balamurugan V, Rajak KK, Bhanuprakash V, Palaniswami KS, NachimuthuK, Thangavelu A, Dhinakarraj G, Hegde R, Singh RK (2010) Comparative efficacy of pestedes petits ruminants (PPR) vaccines. Biolog J Int Assoc Biolog Stand 38(4):479–485.

Sarkar J, Sreenivasa BP, Singh RP, Dhar P, Bandyopadhyay SK (2003) Comparative efficacy of various chemical stabilizers on the thermostability of a live-attenuated peste des petits ruminants (PPR) vaccine. Vaccine 21(32):4 728–4 735.

Sen A, Saravanan P, Balamurugan V, Rajak KK, Sudhakar SB, Bhanuprakash V, Parida S, SinghRK (2010) Vaccines against peste des petits ruminants virus. Expert Rev Vaccines9(7):785–796.

Servan de Almeida R, Keita D, Libeau G, Albina E (2007) Control of ruminant morbillivirus replication by small interfering RNA. J Gen Virol 88(Pt 8):2 307–2 311.

Seth S, Shaila MS (2001) The hemagglutinin-neuraminidase protein of peste des petits ruminantsvirus is biologically active when transiently expressed in mammalian cells. Virus Res75(2):169–177.

Sharma B, Norrby E, Blixenkrone-Moller M, Kovamees J (1992) The nucleotide and deducedamino acid sequence of the M gene of phocid distemper virus (PDV). The most conservedprotein of morbilliviruses shows a uniquely close relationship between PDV and caninedistemper virus. Virus Res 23(1–2):13–25.

Silva AC, Carrondo MJ, Alves PM (2011) Strategies for improved stability of Peste des Petits Ruminants Vaccine. Vaccine 29(31):4 983–4 991.

Silva AC, Delgado I, Sousa MF, Carrondo MJ, Alves PM (2008) Scalable culture systems usingdifferent cell lines for the production of Peste des Petits ruminants vaccine. Vaccine26(26):3305–3311.

Singh RP, Sreenivasa BP, Dhar P, Bandyopadhyay SK (2004a) A sandwich-ELISA for the diagnosis of Peste des petits ruminants (PPR) infection in small ruminants using antinucleocapsid protein monoclonal antibody. Arch Virol 149(11):2 155–2 170.

Singh RP, Sreenivasa BP, Dhar P, Shah LC, BandyopadhyaySK (2004b) Development of amonoclonal antibody based competitive-ELISA for detection and titration of antibodies topeste des petits ruminants (PPR) virus. Vet Microbiol 98(1):3–15.

Sinnathamby G, Seth S, Nayak R, Shaila MS (2004) Cytotoxic T cell epitope in cattle from theattachment glycoproteins of rinderpest and peste des petits ruminants viruses. Viral Immunol17(3):401–410.

Sreenivasa BP, Dhar P, Singh RP, Bandyopadhyay SK (2002) Development of peste des petits ruminants challange virus from a field isolate. In: Annual converence and national seminar onmanagement of viral diseases with emphasis on global trade and WTO regime of indianvirological society, Hebbal, Bangalore, India, 18–20.

Steinhauer DA, de la Torre JC, Holland JJ (1989) High nucleotide substitution error frequenciesin clonal pools of vesicular stomatitis virus. J Virol 63(5):2 063–2 071.

Sumption KJ, Aradom G, Libeau G, Wilsmore AJ (1998) Detection of peste des petits ruminants virus antigen in conjunctival smears of goats by indirect immunofluorescence. Vet Rec142(16):421–424.

Swartz TA, Klingberg W, Klingberg MA (1974) Combined trivalent and bivalent measles,mumps and rubella virus vaccination. A control Trial Infection 2(3):115–117.

Taylor WP, Abegunde A (1979) The isolation of peste des petits ruminants virus from Nigeriansheep and goats. Res Vet Sci 26(1):94–96.

Wei L, Gang L, Fan XJ, Zhang K, Jia FQ, Shi LJ, Unger H (2009) Establishment of a rapid method for detection of peste des petits ruminants virus by a reverse transcription loopmediated isothermal amplification. Chin J Prev Vet Med 31(5):374–378.

Worrall EE, Litamoi JK, Seck BM, Ayelet G (2000) Xerovac: an ultra rapid method for the dehydration and preservation of live attenuated Rinderpest and Peste des Petits ruminantsvaccines. Vaccine 19(7–8):834–839.

Wu R, Georgescu MM, Delpeyroux F, Guillot S, Balanant J, Simpson K, Crainic R (1995)Thermostabilization of live virus vaccines by heavy water (D2O). Vaccine 13(12):1 058–1 063.

Yadav V, Balamurugan V, Bhanuprakash V, Sen A, Bhanot V, Venkatesan G, Riyesh T, SinghRK (2009) Expression of Peste des petits ruminants virus nucleocapsid protein in prokaryotic system and its potential use as a diagnostic antigen or immunogen. J Virol Methods162(1–2):56–63.

7

全球根除小反刍兽疫策略与消除贫困

摘要：鉴于小反刍兽疫对动物健康及经济的影响，该病被世界动物卫生组织列为必须通报的传染病。PPR暴发造成的经济损失不仅直接体现在动物产品的大量减产和患病动物的大批死亡上，疫情期间对动物运输的限制也会造成一定的间接贸易损失。执行控制措施和诊断检测的花销，进一步降低了小反刍动物养殖行业的盈利水平。近期在摩洛哥和土耳其暴发的PPR，引起人们对该病的高度重视，让世界各国认识到在全球范围消除PPR的必要性和迫切性。牛瘟已经在全球范围被根除，对其他病毒性疫病的根除也在努力地进行中；PPR是其中最有希望被消灭的疫病。良好的诊断检测方法和能诱导长达几年有效免疫力的疫苗是实现这一目标的有力保障。然而，目前仍缺乏一个统一的框架，即通过借鉴牛瘟根除计划的经验教训，制定出一个合理可行的根除计划，从而为在全球范围内控制和根除PPR提供保障。为获得巨大的经济回报，更多有PPR流行的国家应该加入到这个根除计划之中，通过实施区域控制和逐步根除的计划，实现在全球范围内根除PPR。本文针对有关PPR的全球关注热点和动物健康组织的目标进行了分析讨论。我们着重对根除计划中的重要因素进行了分析，并对需要迫切关注的研究结果与根除计划间存在的差距进行了深入的剖析。

关键词：控制；根除；规划；经济状况；动物疾病消除策略

7.1 引言

最近，全球科学界共同宣布在全球范围内已成功消除了牛瘟病毒。该消息为消除牛瘟病毒的“近亲”小反刍兽疫病毒带来了鼓舞。PPRV 引起的小反刍兽疫与牛瘟体征相似，目前对亚洲和非洲的小反刍动物和骆驼的威胁逐年增加。近年来，洪水和干旱等灾害对农业生产体系产生了频繁而又严重的冲击，严重影响到半游牧地区的正常农业生产。而在许多 PPR 流行的国家中，PPR 的暴发进一步加剧了这些负面效应的冲击力和危害程度。PPRV 直接或间接对经济产生的巨大影响，更加说明了消除该病的必要性。依照消除牛瘟的模式去消除 PPR 似乎是合情合理、顺理成章的选择。然而，科学界目前还没有完全具备复制这一根除计划的能力。不过，有几个天然和非天然的要素支持在不久的将来消除 PPRV 的可能性。本文将对消除 PPR 的准备现状以及在研究中存在的不足进行深入讨论。

7.2 小反刍兽疫对经济的影响

除了处置并发症及其花费的费用，动物疫病能造成大范围的直接和间接损失。在估算 PPR 对小反刍动物造成的经济影响时，对疫病发生和控制的直接成本要特别考虑到特定的利益相关者，但间接损失，包括食品供应链的损失和与家庭和企业相关的损失，也应该考虑在内。我们对于 PPRV 引起损失的因素还没有完全理解，也没有进行过充分的评价和估算。在我们的经验中，PPRV 造成的间接损失远大于直接损失。尽管许多参数可以用来评估一种疫病对经济的影响，但使用这些参数存在一些缺点，比如，它们有特定的目的，每次只能处理一个因素，无法估计累积效应对经济的影响。因此，广泛的经济思考对制定控制和根除任何新出现疫病的计划至关重要。我们建议对 PPRV 控制方案，要精心设计，分析成本效益，包括与 PPRV 相关的直接和间接影响都要考虑到。

自从牛瘟被消除后，对亚洲和非洲许多地区的农民来说，最担心的事情就是另外一个高度传染的病毒性疫病即 PPR。PPR 主要感染绵羊和山羊，其临床体征与牛瘟相似。该病的流行区域正变得越来越大。急性、高度传染性的 PPR 导致小反刍动物的死亡率可高达 100%，严重影响了以绵羊和山羊饲养为唯一的收入来源的小农场的经济状况。PPR 主要在发展中国家流行，这些国家的贸易和食品供应通常都严重依赖于反刍动物的自给农业。因此，PPRV 对这些国家经济的影响将是毁灭性的。这种情况在 PPR 与其他疾病混淆时变得更加复杂。尽管有经验的兽医可以基于临床症状诊断 PPR，但是，其临床症状与其他呼吸道疾病相似，使得鉴别诊断变得十分困难（见本文 3.3）。由于这类诊断错误，导致低估了 PPRV 对小反刍动物带来的经济危害（Taylor 1984）。之前 PPR 一直局限于非洲、亚洲和中东，但在过去的 10 年中，其流行的范围不断地扩大（Wang et al. 2009；Kwiatek et al. 2007；FAO 2008 年 9 月 9 日；Banyard et al. 2010）（见本文 5.3）。目前，全球约 62.5%（10 亿）的小反刍动物面临感染 PPRV 的风险（FAO sheet ref 33, Arzt et al. 2010）。

尽管一些研究认为 PPR 是小反刍动物生产的主要约束力，但目前还没有对 PPR 的经济影响进行过全面的评估（Rossiter and Taylor 1994；Ezeokoli et al. 1986；Nanda et al. 1996）。1993 年，Stem 等（Stem 1993）报道了一项宏观经济的研究结果：尼日尔政府用 100 万头动物评估了 PPR 疫苗接种的影响。基于 5 年统计模型做出的预测，PPR 疫苗接种回报率很高，200 万美元的投资可以获得 2 400 万美元的预期回报。

Awa 等（2000）在 1996—1997 年用 18400 头动物进行的另一项研究发现，通过 PPR 疫苗接种和抗寄生虫药物治疗，山羊的利润可以增加 2~3 倍，绵羊的利润可以增加 3~4 倍，这表明 PPR 和蠕虫感染是制约生产力的主要因素（Awa et al. 2000）。在一项排列研究内容重要性的国际研究中，PPR 的重要性在亚洲和非洲被认识到。在这个研究报告中，Perry 等人（2002）把 PPR 列入绵羊和山羊的十大疾病，因为这些疾病对贫穷农村的小反刍动物养殖户有严重的影响（Perry et al. 2002）。PPR 的重要性可以通过绵羊和山羊的数量体现出来，目前，在 PPR 至少流行过一次的国家中，有超过 10 亿只的小反刍动物，相比 2002 年，这个数据只有 7.5 亿只（Diallo 2006）。Bazarghani 等人（2006）估算，伊朗农民因 PPR 引起绵羊和山羊死亡所造成的损失可达至少 150 万美元，如果加上控制措施的花费，损失远不止这些（Bazarghani et al. 2006）。由 Thombare 和 Sinha 牵头的最新研究（Thombare and Sinha 2009）评估了 PPR 暴发影响农民收益的一系列因素，结果发现患病动物的市场价格降低是主要的影响因素，其次是生产的损失、治疗的成本和劳务支出。目前肯尼亚每年因 PPRV 造成的损失超过 10 亿肯尼亚先令（1 500 万美元）。

由于 PPR 在山羊中每 5 年暴发一次，据估算，尼日利亚每年每只动物的损失在 0.57~3.92 美元，其中，山羊损失最大（3.92 美元），而绵羊损失最小（0.57 美元）（Opasina and Putt 1985）。累积起来，仅仅在尼日利亚，PPRV 每年可导致 150 万美元的损失（Hamdy et al. 1976）。在印度，每年由于 PPR 造成的经济损失达 3 900 万美元（Bandyopadhyay 2002）。在 PPR 流行暴发的国家中，每年因此损失数百万美元（Banyard et al. 2010）。尽管近期在摩洛哥暴发的 PPR 的死亡率和发病率不高，但因摩洛哥与阿尔及利亚、西班牙之间存在商业贸易，仍引起了巨大的经济担忧。

PPR 不仅制约贸易与出口，而且对畜牧生产的发展，特别是发展中国家的小型企业，也是一个主要的制约因素。由于死亡率高、清除疫病的损失和疫苗接种的成本等所带来的影响，可能会引发 PPR 流行区金融危机。PPRV 也会损耗受影响动物体内的微量营养物和蛋白质。这些营养元素是人类消费必不可少的（Turk 2009）。此外，PPRV 可以导致动物，尤其是山羊易患严重的呼吸道疾病综合征（Bailey et al. 2005; Taylor et al. 1990）。

FAO 负责病毒性疫病的动物健康官员，全球根除牛瘟计划的秘书 Peter Roeder 说："越来越清晰地表明，如果你在亚洲和大部分非洲地区正在从事涉及小反刍动物的畜牧业生产，必须严肃对待 PPR，保护家畜抵抗 PPRV 感染"。

7.3 小反刍兽疫病毒的控制和根除：我们处在什么位置？

在研制特异的诊断方法和开发有效的疫苗方面已经有了实质性进展，尤其近年来的研究成果，为在全球范围像消除牛瘟一样根除 PPR 奠定了坚实的基础。然而，在实施切实可行的 PPR 根除计划之前，仍然有许多研究空白亟待填补。

7.3.1 全球根除小反刍兽疫病毒的有利因素

全球性根除天花之后，FAO 和 OIE 联合通报了牛瘟在全球范围被根除，这是生命科学领域的又一个重要的里程碑。这两种烈性传染病的根除，给未来其他传染病的全球性根除带来了希望和期待。PPR 与牛瘟有相同的病原学特点、致病机制以及流行病学规律，因此，PPR 是一个理想的候选疫病，可以按照消灭牛瘟的策略根除 PPR。在评估全球根除 PPR 的可行性时，需要考虑到以下 10 个有利的要素。

7.3.1.1　PPRV 有 4 个基因谱系，但只有一个血清型

尽管基于其 F 或 N 基因 PPRV 被分为 4 个基因谱系，但是迄今为止，该病毒只有一个血清型。这就意味着，来自任何一个谱系制备的疫苗，均能诱导抗所有谱系的免疫力。因此，我们不需要事先鉴定流行毒株，就可以使用疫苗免疫受影响的动物，而且可在易感动物群中进行大规模的疫苗接种。PPRV 尼日利亚 /75/1（Nig75/1）毒株是最早分离的毒株之一。基于该毒株制备的组织培养弱毒疫苗，被广泛用于接种和免疫世界上几乎所有 PPRV 流行地区的小反刍动物。此外，接种疫苗的动物不会排毒感染附近的健康畜群。这种同源疫苗对于怀孕的动物相对安全，并且在野外条件下，为至少 98% 接种疫苗的动物提供了保护性免疫（Diallo et al. 1995）。

这种弱毒疫苗目前在非洲、中东和东南亚等疫病流行的地区广泛使用（表 7.1）。基于 Nig/75/1 制备的疫苗，非洲以外的地区可从位于法国蒙彼利埃的 CIRAD EMVT 处获得，而非洲地区可以从位于埃塞俄比亚德布拉塞特的 PANVAC 处获得。除了 Nig/75/1 及其衍生出的疫苗之外，还有一些仅能在个别国家使用的疫苗，比如 PPRV Sungri/96, Arasur/87 和 Coimbatore/97 疫苗株可在印度使用（Sen et al. 2010）（表 7.1），而基于 Egypt/87 毒株的弱毒疫苗只能在埃及使用。由于 PPRV 只有一个血清型，所有这些疫苗都能诱导抗 PPRV 感染的保护性免疫力。

表 7.1　可利用的 PPRV 疫苗及其在 PPR 流行国家的使用情况

应用 PPRV 疫苗的国家	用于制苗的 PPRV 毒株	疫苗的性质	产品名称
阿富汗、阿尔巴尼亚、巴林、埃塞俄比亚、伊拉克、约旦、科威特、黎巴嫩、利比亚、也门、叙利亚、巴基斯坦、阿拉伯联合酋长国和阿曼	PPRV Nig/75/1	活毒，改良	PESTEVAC
博茨瓦纳	PPRV Nig/75/1	活毒	PPR-VAC
埃及	PPRV 埃及 /87	活毒	尚未获得
尼泊尔	PPRV Nig/75/1 同源毒	活毒	尚未获得
尼日利亚	PPRV Nig/75/1	活毒	尚未获得
土耳其	PPRV Nig/75/1	活毒	尚未获得
印度	PPRV Sungri/96	活毒	PESTDOLL-S
	PPRV Arasur/87		PPR-Vaccine
	PPRV Coimbatore/97		

因此，通过协调使用大规模疫苗接种，我们可以取得丰硕的防控效果，不幸的是，大多数 PPRV 流行的国家目前尚缺乏这样的疫苗免疫计划。

7.3.1.2 PPRV 弱毒疫苗能诱导持久保护性免疫

PPRV 弱毒疫苗，特别是 Nig/75/1，能够诱导长久的保护性免疫。研究证实，Nig/75/1 弱毒疫苗在小反刍动物中诱导的保护性免疫可长达 3 年，而 Sungri/96 弱毒疫苗诱导的保护性免疫能维持 6 年之久。长效的保护性免疫力，通过大规模疫苗接种易感山羊和绵羊，就能够完全保证有效地控制和根除 PPRV。

PPR 是流行于热带国家的一种疫病。所以，弱毒疫苗的耐热性仍然是一个致命弱点。最近的研究证实，将这种疫苗在一种含辅料海藻糖中进行冷冻干燥后，可以变得非常耐热，在 45℃的条件下放存 14 天后，其疫苗效力基本不变（详见本书 5.3.3）。利用这种耐热疫苗免疫保护小反刍动物，将为 PPR 的控制计划铺平道路，从而在技术和经济上为野外条件下接种疫苗提供了可行的解决方案，促进发展中国家有效地控制 PPR。

7.3.1.3 PPRV 只能通过近距离接触传播，而不依赖于任何传播媒介

PPRV 是通过患病和健康动物近距离接触传播。它的传播不像蓝舌病病毒那样必须经过库蠓传播，它不依赖于任何传病媒介。因此，相对于虫媒传染病而言，PPR 的防控相对简单。在 PPRV 暴发的情况下，通过采取捕杀感染动物就能有助于减少疫病的传播蔓延。相反，通过清除疫区中虫媒来切断传播途径是很难的，导致很难有效控制虫媒传染病。

7.3.1.4 PPRV 仅感染小反刍动物和骆驼

PPRV 感染的宿主范围仅限于小反刍动物（绵羊、山羊和野生动物）。最近，骆驼也被列入易感宿主列表中，使得 PPR 成为一种特殊疫病。然而，绵羊和山羊仍然是 PPRV 感染的主要宿主。与控制鸡、鸭或者其他家禽的疫病相比，小反刍动物是一群个体更大、更容易控制的目标动物。对绵羊和山羊来说，很容易对它们进行更好地饲养和营养管理，从而限制 PPRV 传播蔓延。此外，PPR 是单纯的动物传染病，在处理感染动物的过程中对人类的健康无害，这有助于疫病现场得到恰当的处理。然而，小反刍动物使用寿命比牛的短，因

此，相对牛瘟，在消除 PPR 的行动中，需要更多的疫苗和政府支持。

7.3.1.5 PPRV 的潜伏期短

PPRV 的潜伏期为 2~6 天，时间长短取决于疫病的特定表型。此外，PPRV 不会形成持续性感染，也没有动物带毒现象。所有这些因素决定了对 PPRV 的控制要比那些能引起持续性感染和动物带毒的其他病毒简单。

7.3.1.6 PPR 不是全球性疫病

尽管 PPR 普遍存在于非洲、中东和南亚的大部分国家，但是在欧洲、美洲和澳大利亚尚无此疫病的报道。目前，该病在以前无 PPRV 国家的流行暴发呈现增加的趋势。在中国和摩洛哥已经有新的暴发，但流行的规模相对较小，且疫病在短时间内就得到有效控制。考虑到 PPRV 分布的相对局部性，我们必须限制该病的进一步传播蔓延。

7.3.1.7 被感染的动物保持抗体阳性

受感染和康复的动物仍然保留针对 PPRV 的特异性抗体。测定这些特异抗体是检测 PPRV 血清反应阳性动物最常见、最经济的方式，为未免疫畜群的血清学监测提供了一种有效的工具。然而，现有的弱毒疫苗能诱导相同类型的抗体反应，这使得很难区分感染的和疫苗接种的动物（DIVA），因此，需要结合 DIVA 策略研发重组疫苗。我们最近评估了所有可用的 PPRV 血清学诊断技术，并为这项技术的进一步改进提供了全面的平台（Munir 2011; Munir et al. 2012）。

7.3.1.8 已有的诊断检测方法

对早期预警、早期发现和及时回应的重视及关注是有效控制疫病的关键。PPR 的诊断通常是通过临床观察得来的。在典型病例的情况下，动物表现出独特的临床症状和体征（见本书 3.2）。然而，当加重因素或并发感染存在时，该病可能与其他几种疾病混淆，在这种情况下，就需要依赖血清学或分子生物学方法进行确诊。

目前，已有的几种酶联免疫吸附实验（ELISA）方法是针对 PPRV HN 蛋白（Anderson and McKay 1994; Saliki et al. 1993; Singh et al. 2004）或 N 蛋白的（Libeau et al.1995），可用于检测绵羊和山羊血清中的抗 PPRV 特异性抗体。此

外，还研制和开发了两种不同形式的 ELISA 方法，用于检测 PPRV 感染动物组织和分泌物中的病毒抗原。免疫捕获 ELISA 和夹心 ELISA 方法都是基于抗 PPRV N 蛋白的单克隆抗体（Libeau et al. 1994; Saliki et al. 1994），但前者比后者更受欢迎。此外，针对病毒 F 蛋白或 N 蛋白基因的反转录聚合酶链式反应（RT-PCR）方法已经研发成功（见本书 5.3.3 的表 5.1）。总的来说，传统的 ELISA 方法和 RT-PCR 技术仍然是广泛使用的诊断技术，而这些技术正发展得更为先进，如荧光定量 RT-PCR，环介导等温扩增（LAMP）和免疫层析试纸条。

7.3.1.9 DIVA 疫苗的研发

传统的 PPRV 弱毒疫苗不能区分免疫和自然感染的动物（DIVA），因为两种方式都能诱导相同类型的抗体反应。这就需要一种具有 DIVA 功能的重组疫苗，并且伴随相应的诊断方法。在这方面的研究，虽然已经取得了一些进展，但 DIVA 疫苗仍处在研发和商业化的早期阶段，仍需要在不久的将来投入大量的研究。DIVA 疫苗在 PPRV 根除计划的早期阶段监测感染和免疫接种动物至关重要。人们期待 DIVA 疫苗早日来临。

7.3.1.10 新型重组和多价疫苗的发展

PPRV 能诱导显著的免疫抑制反应。已发现 PPRV 可以与其他病毒并发感染动物，其中包括蓝舌病病毒（BTV）（Mondal et al. 2009），绵羊痘病毒（SPV），山羊痘病（GPV）（Saravanan et al. 2007）和瘟病毒（Kul et al. 2008）。在这些疫病中，一些病毒如 GPV 和 PPRV 在地理分布上相似，并且发展中国家需要一定的经济基础设施来支持统一的疫苗接种计划。目前，在研制针对 PPRV 和其他病毒的多价疫苗（二价或三价）方面有了显著进步，这样的疫苗可以替代传统的 PPRV 弱毒疫苗。此外，在野外利用多价疫苗可以同时控制常见病原，有助于促进扶贫工作。考虑到多价疫苗的巨大益处，目前正在开发的几种多价疫苗在免疫接种动物后可以同时抵抗多种病原比如 PPRV、GPV、SPV 和 BTV。

7.3.2 阻碍全球消除小反刍兽疫的因素

对全球根除 PPR 有利因素的分析发现，全球性根除 PPR 是切实可行的。

然而，相对于牛瘟的全球根除计划，仍有多方面的因素制约着 PPRV 的全球根除，这些因素分析如下。

7.3.2.1 低估 PPR 造成的经济影响

全球性根除 PPR 的意义没有完全被意识到，也没在动物健康中发挥先锋作用。PPR 引起的相关经济损失，不仅体现在动物产品的减少和高死亡率造成的直接损失，也体现在对动物流通的限制所造成的间接贸易损失。尽管根除任何对健康的威胁是可取的，但成本与效益是一个重要的考虑因素，尤其在发展中国家，其公共资源有很多优先实施的计划，持续的支出需要对社会大多数领域有清楚可见的效益。虽然一些研究对 PPR 引起的直接损失进行了分析评估，但其间接损失仍待确定。正确分析估计这些成本，对认识这种毁灭性疫病的影响，从而启动任何防控措施至关重要。

7.3.2.2 疫苗在一些 PPR 流行国家无法获得

相对于预防和控制牛瘟的强化免疫，预防 PPR 的免疫接种显然不够，即便已经有大量商业化的产品。小反刍动物产业对 PPRV 疫苗的巨大需求，推动当地 PPRV 弱毒疫苗的生产，不仅可以及时提供疫苗，而且还降低了生产成本。此外，PPR 是一种热带国家的疾病，需要进一步研究保质期长的热稳定疫苗。

7.3.2.3 野生动物和骆驼在 PPR 流行病学中作用仍不确定

虽然一些研究报道了 PPRV 对其主要宿主绵羊和山羊的致病性，但是野生动物和骆驼在其流行病学中的作用尚未完全了解。有些野生动物在 PPRV 的传播中可能发挥关键作用，因而导致 PPR 流行蔓延。因此，我们迫切需要在病毒生物学方面分析这些动物。这对制定 PPRV 的控制策略和消灭计划也是非常重要的。

7.3.2.4 PPR 血清学监测系统不完善

疫病暴发之后，一套有效的血清学监测系统是根除该疫病的重要工具。然而，如上所述，同步的免疫保护和血清学监测需要 DIVA 疫苗和合适的诊断方法。目前，仍缺乏这样的产品，而且这样的产品还处在开发的初始阶段。此外，加强诊断和流行病学的基础设施建设也是许多发展中国家面临的关键问题。目前，在这方面的进展缓慢，需要加速，以便尽早地开展流行病学调查及疾病的限制计划。

7.3.2.5 许多国家缺乏无疫病区的定义

一个国家内特定动物疫病的管理需要按 OIE 所推荐的方法定义无疫病区域。尽管这需要更广泛的应用，但中国于 2008 年实现和确定了动物无疫病区标准，它不仅有助于监测疫病的传播，还为标注和监控疫病易发地区的运输及检疫提供了基础。然而，由于技术、经济和政治问题，在一些发展中国家很难实行这种方法，这就需要国际组织的促进加强。

7.3.2.6 全球化与动物疾病

“地球村”的概念和一系列其他因素明显地促进疾病的传播，一个要国家维持其无疫病的状态正在变得越来越难。这些因素包括：（Ⅰ）人口因素；（Ⅱ）全球公共流动；（Ⅲ）全球范围内活体动物的流动性和运输的明显增加；（Ⅳ）贸易和贩卖动物，尤其是边境处于半控制状态的相邻国家；（Ⅴ）动物产品的运输；（Ⅵ）气候变化及其对疾病模式的整体影响；（Ⅶ）中等规模畜牧业的增加；（Ⅷ）人与动物接触的增加；（Ⅸ）粮食和农业动态；（Ⅹ）不可持续的资源管理。尽管目前有效控制这些诱发因素的规划尚未完全明了，这仍是个难题，因为这些因素是阻碍预防和消除任何新发疫病，如 PPR 的巨大障碍。

7.4 国际卫生组织在消除小反刍兽疫中的作用

目前，缺乏一个统一的框架，帮助吸取和综合牛瘟根除计划的经验教训，并且有效地制定在全球范围内成功控制和消除 PPR 的计划。国际组织，包括 FAO 和 OIE，应该从以下方面发挥促进和带头作用：（Ⅰ）促进和保障根除全球 PPR 的坚实成果；（Ⅱ）帮助和协调当地、区域和全球的投入；（Ⅲ）允许和简化不同生态系统的基本兽医服务；（Ⅳ）克服动物健康技术的界限和障碍，使各个国家在一个共同的平台上；（Ⅴ）提供资金和技术支持。起源于 FAO 和 OIE 的全球根除牛瘟计划（GREP）中，一大部分资金用于基础设施的发展建设。因此，可以考虑在相同的框架下消除 PPR 的可能性。鉴于 PPR 对小反刍动物工业的经济影响以及疫苗和诊断测试方面的准备，这值得 FAO 和 OIE 在不久的将来考虑消除小反刍兽疫的计划。

在 FAO 发起的一些倡议中，消除 PPR 的战略已经提出，它包括了对政府和利益相关者的宣传活动，建立全球和地区的政策，努力了解 PPR 的生态学和流行病学，有效地使用疫苗，以及与其他正在进行的计划合作。更重要的是，在社会经济背景的影响下，在全球范围内消除 PPR 离不开国际的支持和资金。

除了 FAO 和 OIE，英国的动物健康研究所，通过正在进行的研究项目，如在 Barret 博士（现已故）带领下该研究所的科技工作者参与牛瘟根除计划所起到的作用一样，也将在 PPR 消除运动中起到决定性的作用。该研究所与法国农业发展研究中心（CIRAD）以及欧洲以外实验室的合作，将会带来一个有效、实用和基于需求的研究计划，最终建立根除 PPR 的坚实技术平台。特别不能忽视的是来自 PPR 流行国家的研究人员参与 PPR 战略规划的重要性。最近，由 Baron 博士主持的一个非官方的会议在动物健康研究所召开，旨在交流 PPR 研究方面的进展，其中特定国家的代表参加了此次会议（Valarcher 博士，瑞典国家兽医研究所，个人交流）。我们认为这是一项重要举措，并期待在不久的将来与未出席国家的代表有更大规模的聚会交流。目前，我们还缺乏全球根除 PPR 的系统计划，这迫切需要政府、国际组织及资助机构的支持。

7.5 结论和展望

疫苗接种，结合常规的预防措施，如保护羊群和牛群防止疫病的意外侵入，就能很好地控制疫病，特别是疫苗能提供终身免疫。如果这能在逐步控制的计划中实现，损失可以降至最小，一些地区可以成为无 PPR 区域。除了严格管理疫区内的动物，无疫区内也应该时常予以标记和监控，对边境地区的小反刍动物应进行血清学监控，并且有必要对动物产品和贸易实行严格的进出口控制措施。尽管 PPRV 仅存在单一血清型，但当务之急是应用每个谱系的标准病毒株生产疫苗，这可以用在特定谱系流行的地区。使用针对特定区域的疫苗的主要原因与病毒自身趋势有关，即作为 RNA 病毒，PPRV 变异广泛。除此之外，在发展中国家，大规模生产和使用联苗，将是一个具有良好成本效益的、替代使用单一来源疫苗的策略。

现有的技术工具和动物健康卫生体系为在小反刍动物上，发起对 PPR 的实施渐进式控制奠定了坚实的基础。但是，如果国际组织不采取协调的行动控制 PPR 的传播，该病就有可能传播到非洲和亚洲其他无 PPR 的国家和地区，这将会对畜牧业造成难以估量的损失，并危及数以百万计的农民和牧民的生计。在启动 PPR 根除计划之前，FAO 应提供更多的帮助，让政府更好地了解 PPR，并能区分与 PPR 有相似的呼吸症状和引起死亡的其他一系列疾病，包括肺炎巴氏杆菌病和山羊传染性胸膜肺炎。总的来说，评估 PPR 对经济的影响，诊断方法、疫苗的改进和商业化，防控规划的协调和整合，是根除 PPR 需要考虑的关键要素。

（张志东，胡高维　译；秦晓东　校）

参考文献

Anderson J, McKay JA (1994) The detection of antibodies against peste des petits ruminants virus in cattle, sheep and goats and the possible implications to rinderpest controlprogrammes. Epidemiol Infect 112(1):225–231.

Arzt J, White WR, Thomsen BV, Brown CC (2010) Agricultural diseases on the move early in the third millennium. Vet Pathol 47(1):15–27.

Awa DN, Njoya A, Ngo Tama AC (2000) Economics of prophylaxis against peste des petits ruminants and gastrointestinal helminthosis in small ruminants in North Cameroon. Trop Anim Health Prod 32(6):391–403.

Bailey D, Banyard A, Dash P, Ozkul A, Barrett T (2005) Full genome sequence of peste des petits ruminants virus, a member of the Morbillivirus genus. Virus Res 110(1–2):119–124.

Bandyopadhyay SK (2002) The economic appraisal of PPR control in India. In: 14th annual conference and national seminar on management of viral diseases with emphasis on global trade and WTO regime, Indian Virological Society, Hebbal, Bangalore, India, 18–20 Jan 2002.

Banyard AC, Parida S, Batten C, Oura C, Kwiatek O, Libeau G (2010) Global distribution of peste des petits ruminants virus and prospects for improved diagnosis and control. J Gen Virol 91(Pt 12):2 885–2 897.

Bazarghani TT, Charkhkar S, Doroudi J, Bani Hassan E (2006) A review on peste des petits ruminants (PPR) with special reference to PPR in Iran. J Vet Med 53(Suppl 1):17–18.

Diallo A (2006) Control of peste des petits ruminants and poverty alleviation? J Vet Med 53(Suppl 1):11–13.

Diallo A, Libeau G, Couacy-Hymann E, Barbron M (1995) Recent developments in the diagnosis of rinderpest and peste des petits ruminants. Vet Microbiol 44(2–4):307–317.

Ezeokoli CD, Umoh JU, Chineme CN, Isitor GN, Gyang EO (1986) Clinical and epidemiological features of peste des petits ruminants in Sokoto Red goats. Revue d'elevage et de medicineveterinaire des pays tropicaux 39(3–4):269–273.

FAO (2008) Outbreak of 'peste des petits ruminants' in Morocco. FAO Newsroom (FAO), 9September.

Hamdy FM, Dardiri AH, Nduaka O, Breese SRJ, Ihemelandu EC (1976) Etiology of the stomatitis pneumcenteritis complex in Nigerian dwarf goats. Can J Comp Med 40:276–284.

Kul O, Kabakci N, Ozkul A, Kalender H, Atmaca HT (2008) Concurrent peste des petits ruminants virus and pestivirus infection in stillborn twin lambs. Vet Pathol 45(2):191–196.

Kwiatek O, Minet C, Grillet C, Hurard C, Carlsson E, Karimov B, Albina E, Diallo A, Libeau G(2007) Peste des petits ruminants (PPR) outbreak in Tajikistan. J Comp Pathol 136(2–3):111–119.

Libeau G, Diallo A, Colas F, Guerre L (1994) Rapid differential diagnosis of rinderpest and pestedes petits ruminants using an immunocapture ELISA. Vet Rec 134(12):300–304.

Libeau G, Prehaud C, Lancelot R, Colas F, Guerre L, Bishop DH, Diallo A (1995) Development of a competitive ELISA for detecting antibodies to the peste des petits ruminants virus using arecombinant nucleoprotein. Res Vet Sci 58(1):50–55.

Mondal B, Sen A, Chand K, Biswas SK, De A, Rajak KK, Chakravarti S (2009) Evidence of mixed infection of peste des petits ruminants virus and bluetongue virus in a flock of goats asconfirmed by detection of antigen, antibody and nucleic acid of both the viruses. Trop Anim Health Prod 41(8):1 661–1 667.

Munir M (2011) Diagnosis of peste des petits ruminants under limited resource setting: a cost effective strategy for developing countries where PPRV is endemic. VDM Verlag Dr. Müller,Germany.

Munir M, Abubakar M, Zohari S, Berg M (2012) Serodiagnosis of peste des petits ruminants virus. In: Al-Moslih M (ed) Serological diagnosis of certain human, animal and plant diseases,vol 1. InTech, pp 37–58.

Nanda YP, Chatterjee A, Purohit AK, Diallo A, Innui K, Sharma RN, Libeau G, Thevasagayam JA, Bruning A, Kitching RP, Anderson J, Barrett T, Taylor WP (1996) The isolation of peste des petits ruminants virus from northern India. Vet Microbiol 51(3–4):207–216.

Opasina BA, Putt SNH (1985) Outbreaks of peste des petits ruminants in village goat flocks in Nigeria. Trop Anim Health Prod 17:219–224.

Perry BD, Randolph TF, McDermott JJ, Sones KR, Thornton PK (2002) Investing in animal health research to alleviate poverty. International Livestock Research Institute, Nairobi.

Rossiter PB, Taylor WP (1994) Peste des petits ruminants. In infectious diseases of livestock, volII. Oxford University Press, Cape Town.

Saliki JT, House JA, Mebus CA, Dubovi EJ (1994) Comparison of monoclonal antibody-basedsandwich enzyme-linked immunosorbent assay and virus isolation for detection of peste despetits ruminants virus in goat tissues and secretions. J Clin Microbiol 32(5):1 349–1 353.

Saliki JT, Libeau G, House JA, Mebus CA, Dubovi EJ (1993) Monoclonal antibody-basedblocking enzyme-linked immunosorbent assay for specific detection and titration of peste-despetits-ruminants virus antibody in caprine and ovine sera. J Clin Microbiol 31(5):1 075–1 082.

Saravanan P, Balamurugan V, Sen A, Sarkar J, Sahay B, Rajak KK, Hosamani M, Yadav MP,Singh RK (2007) Mixed infection of peste des petits ruminants and orf on a goat farm in Shahjahanpur, India. Vet Rec 160(12):410–412.

Sen A, Saravanan P, Balamurugan V, Rajak KK, Sudhakar SB, Bhanuprakash V, Parida S, SinghRK (2010) Vaccines against peste des petits ruminants virus. Expert Rev Vaccines9(7):785–796.

Singh RP, Sreenivasa BP, Dhar P, Shah LC, Bandyopadhyay SK (2004) Development of amonoclonal antibody based competitive-ELISA for detection and titration of antibodies topeste des petits ruminants (PPR) virus. Vet Microbiol 98(1):3–15.

Stem C (1993) An economic analysis of the prevention of peste des petits ruminants in Nigeriengoats. Prev Vet Med 16:141–150.

Taylor WP (1984) The distribution and epidemiology of PPR. Prev Vet Med 2:157–166.

Taylor WP, al Busaidy S, Barrett T (1990) The epidemiology of peste des petits ruminants in the Sultanate of Oman. Vet Microbiol 22(4):341–352.

Thombare NN, Sinha MK (2009) Economic implications of peste des petits ruminants (PPR) disease in sheep and goats: a sample analysis of district Pune, Maharastra. Agric Econ ResRev 22:319–322.

Turk J (2009) Global food crisis: the value of animal source foods. ELMT/ELSE NewsletterWang Z, Bao J, Wu X, Liu Y, Li L, Liu C, Suo L, Xie Z, Zhao W, Zhang W, Yang N, Li J, WangS, Wang J (2009) Peste des petits ruminants virus in Tibet, China. Emerg Infect Dis15(2):299–301.

[illegible] monoclonal antibody-based competitive ELISA for detection and titration of antibodies against peste des petits ruminants (PPR) virus. Vet Microbiol, [illegible]

Shaila [illegible] An [illegible] study of the [illegible] of peste des petits ruminants to [illegible]. Prev Vet Med [illegible]

Taylor WP [illegible] The distribution and epidemiology of PPR. [illegible]

Taylor WP, Al Busaidy S, Barrett T (1990) The epidemiology of peste des petits ruminants in the Sultanate of Oman. Vet Microbiol [illegible]

[illegible] (1988) [illegible] peste des petits ruminants [illegible]

[illegible]

[illegible]

[illegible]

[illegible]

[illegible]

[illegible]